NCS 기반

최신 두피·모발관리

Scalp & Hair Care

대한미용교수협의회

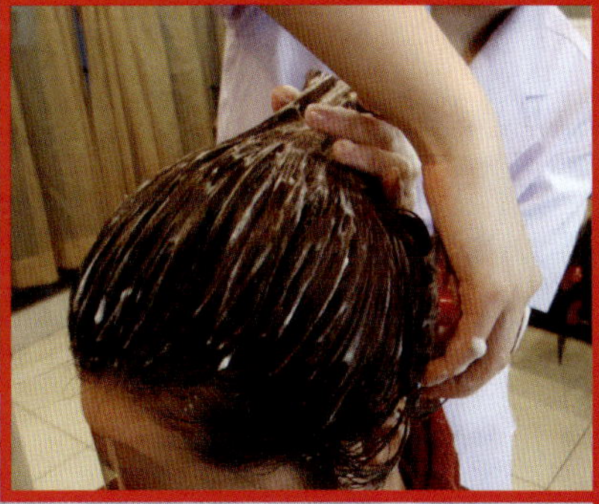

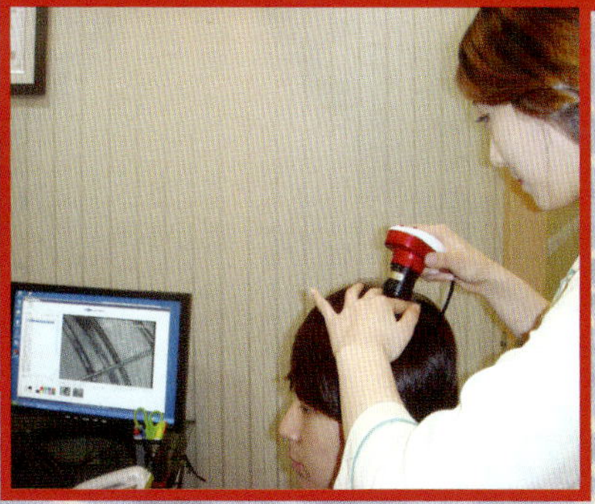

청구문화사

Prologue

전 세계는 빠르게 변하는 환경에 대응할 수 있도록 능력중심사회로 변화되어가고 있고 제4차 산업혁명으로 기술 또한 급격하게 변화되고 있다. 이러한 사회의 현실에서 미래의 변화에 대응하는 능력을 갖추어야 하는 것은 자명한 일이다.

이에 각 대학의 미용관련학과에서는 신성장동력으로 성장하고 있는 두피 및 모발관리 산업의 맞춤형 인재를 육성하기 위하여 많은 노력을 기울이고 있을 뿐 만 아니라 평생 직업을 가질 수 있는 전문 두피·모발 관리사를 위한 체계적인 교육 프로그램 개발에도 심혈을 기울이고 있다.

대한미용교수협의회는 산업체의 고견을 들어 두피전문가가 알아야 할 두피·모발에 대한 이론을 전문적이고 체계적으로 서술하였고 실기 부분은 쉽고 정확하게 이해 할 수 있도록 구성하여 산업체와 학제간의 인력 미스매치의 문제가 해결될 수 있도록 하였다. 특히 국가직무증력표준 NCS를 바탕으로 산업현장의 고급 기술 및 직무역량 강화를 위하여 두피·모발관리 교재를 현장실무형 교재로 재구성 편찬하였다.

본 교재 편찬을 위해 먼 거리 마다하지 않고 산업체를 방문하여 자료 수집을 하고 정리하여 원고작업까지 해 주시고, 몇 회에 걸친 교정회의에 빠짐없이 참석하셔서 수고를 하신 대한미용교수협의회 교수님들께 진심으로 감사드린다.

부디 이 교재가 이 분야의 전문가가 되려는 후학들에게 좋은 지침서가 되어주기를 진심으로 기원하며 이 책을 발간하는데 많은 수고를 해주신 청구문화사 이상태 사장님과 임직원 여러분께 진심으로 감사의 말씀을 드린다.

2017년 저자 일동

Contents

3-1 모발 상태별 샴푸

3-1 모발 상태별 샴푸

4-1 두피·모발관리 마무리

4-2 홈케어 설명 및 제품 추천

1-1 모발의 구조

학습목표

- 모발의 구조를 설명할 수 있다.
- 두피진단 방법을 설명할 수 있다.
- 모발진단 방법을 설명할 수 있다.

필요 지식

1 모발의 구조

1. 모발의 구조

(1) 모근부

모발의 구조는 크게 피부 표피층 내에 존재하는 모근부와 표피층 바깥 부분에 존재하는 모간부로 구분된다. 모근부는 이를 감싸고 있는 모낭안에 존재하며 모낭은 피부의 두께와 위치에 따라서 깊이가 다르며 모근부를 보호하는 역할을 한다.

모구는 모발이 나오는 구멍을 말하며, 모구부 아랫부분의 모구는 구근모양으로 팽창되어 있으며 멜라닌세포와 모기질 상피 세포인 모모세포로 구성되어 있고 모모세포는 수분이 많은 구형세포이다. 이 세포들은 모유두에 엉켜있는 모세혈관으로부터 모발을 성장시키는 영양분과 산소를 공급 받아 세포가 분열하고 있으며 분열된 모세포가 모구부의 상부에서 각화되면서 가늘고 긴 모양의 방추상으로 변해 서서히 위로 올라와 모발을 만든다.

(2) 모간

모간은 모발이 두피 바깥쪽으로 나온 부분을 말하며 단백질로 이루어져 있다. 모간은 모수질과 이를 보호하며 둘러싸고 있는 모피질 그리고 모표피로 구성된다. 모발이 자라서 길어지면 모발의 형태, 크기 그리고 모낭의 굽은 정도를 알 수 있다. 모낭의 단면이 원형의 형태일 때 웨이브가 없는 직모가 형성되며 동양인에게 많은 모발이다. 모낭의 단면이 타원형으로 약간 구부러져 있으면 웨이브 형태가 되며, 서양인에게 많이 볼 수 있는 파상모가 된다. 축모의 모발 단면은 편평한 형태를 이루고 있어 흑인들에게 많이 볼 수 있는 급격한 파상모가 된다.

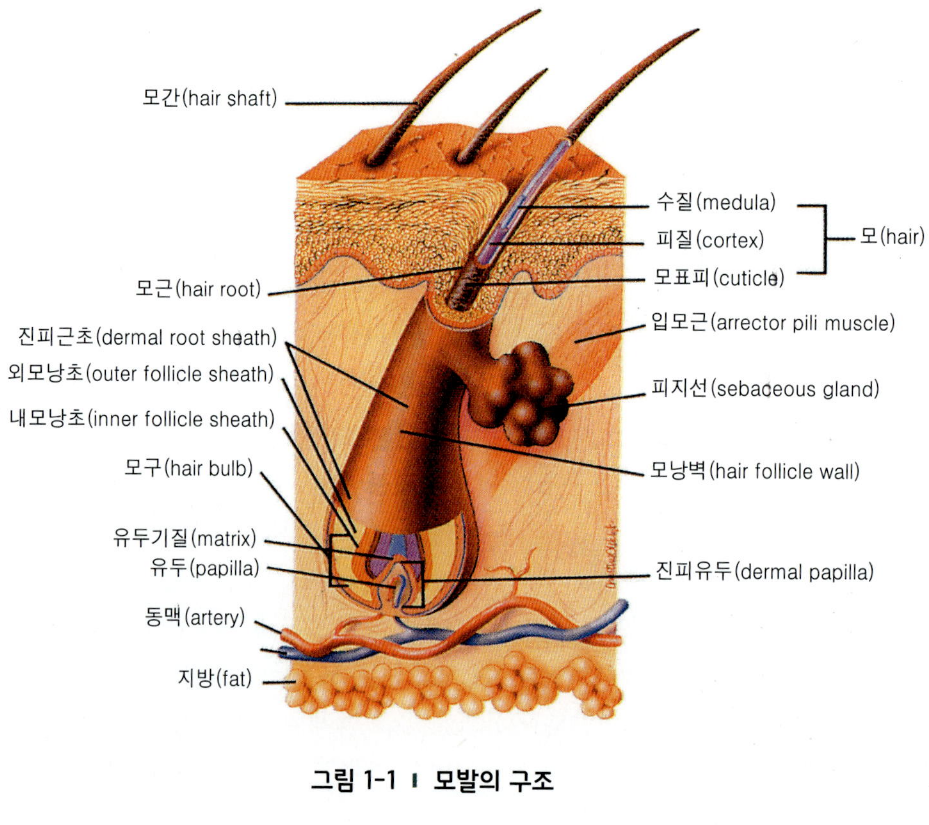

그림 1-1 ı 모발의 구조

2. 모발의 성장주기

모발은 태어날 때 결정되는 모유두의 수에 따라 모발 수가 결정된다. 모발의 발생은 신체부위에 따라 출생 6~12주부터 시작하며 개인에 따라 수명과 성장속도와 성장기간이 다르다. 보편적으로 하루 0.2~0.5mm정도 성장하고 연중 5,6월에 가장 많이 자라며 낮보다 밤에 성장이 빠르다. 계절적으로는 가을, 겨울보다 봄, 여름에 성장이 빠르다. 두피의 모발 대부분은 태어날 때 성장기 단계이며 몇 주 사이에 퇴행기, 휴지기로 바뀌며 모발은 휴지기 단계에 빠지게 되고 하루 약 70개의 모발이 빠진다.

(1) 성장기(anagen)

성장기에는 모모세포가 모세혈관으로부터 영양분을 공급받아 활발한 세포분열 증식을 통해 모발이 새롭게 생성되어 성장하는 단계이다. 한 달에 평균 1~1.5cm정도 자라며 연령과 질병 및 호르몬, 비타민, 음식물 등의 영향에 의해 모발의 성장은 변화될 수 있다. 특히 성장기에 있는 동안 모발 세포는 몸의 다른 세포들보다 빠르게 만들어 낸다.

전체 모발의 80~90%가 성장기 단계이며 10%는 성장이 정지된 휴지기를 가진다. 평균 성장기간은 3~6년으로 남성이 3~5년 여성이 4~6년 정도이다.

(2) 퇴화기(catagen)

성장기 이후 모발의 형태를 유지하며 휴지기로 가는 중간시기로 모모세포 분열이 약화되면서 서서히 성장하지만 모발 케라틴을 더 이상 합성하지 않는 단계이다. 전체 모발의 1% 정도가 퇴행기 단계이며, 기간은 약 3~4주 정도로 짧다.

(3) 휴지기(telogen)

휴지기에는 모모세포의 분열 정지로 성장이 멈추고 모유두의 활동이 일시 정지되었다가 모낭의 수축과 동시에 모근이 위쪽으로 밀려 올라와 자연 탈모된다. 휴지기 모발은 성장기 모발보다 가는 형태를 띠고 있어 쉽게 식별 가능하며 전체 모발의 14%를 차지한다. 샴푸 또는 브러싱 등과 같은 물리적 자극에 의해서 자연스럽게 탈락되거나 새로운 모발에 의해 밀려올라와 두피로부터 탈락된다.

(4) 발생기(return to anagen)

휴지기와 성장기의 중간 단계인 발생기의 모낭은 하나의 모낭에서 각각 다른 주기의 모발이 공존하고 있는 상태이다. 발생기에 모발이 새로 만들어 지면 휴지기의 모발을 모공방향으로 밀어 올려 자연스러운 모발의 탈락을 유도한다.

3. 모발의 구성 성분

모발의 구성하는 성분으로는 다량의 미량원소와 지질 1~8%, 수분 10~15%, 케라틴 80~90%로 구성되어 있다. 모발은 18종의 아미노산(amino acid)인 케라틴(keratin)으로 구성되어 있으며, 케라틴은 물리적으로 강도가 강하며 화학약품에 저항력이 강하고 탄력이 크다. 시스틴(cystine)은 14~18%함유하고 있다.

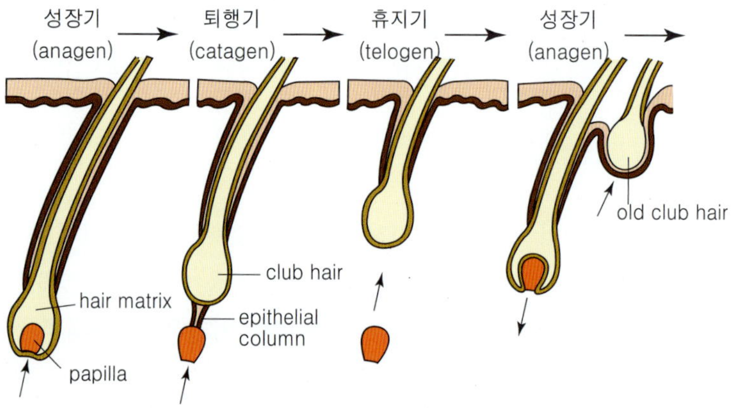

그림 1-2 ❙ 모발의 성장주기

2 두피 진단방법

1. 문진

상담 카드 및 진단 카드를 작성하기 위한 여러 가지 질문사항으로 고객의 건강상태를 사전에 파악하여 기록한다. 고객의 식사 습관과 식사의 내용, 흡연과 신체 활동 사항, 결혼 유무, 평소 두피 및 모발 관리방법, 사용하는 제품, 스트레스정도 등을 체크하여 두피관리에 활용하고 고객들의 홈케어에 조언한다.

2. 시진

시진은 문진만으로 정확한 원인을 예측하기 어려울 경우 두피 및 모발을 육안 또는 두피 진단기로 관찰하여 파악하는 것으로써 크게는 고객의 자세나 표정 등도 같이 보면서 진단하는 것이 효과적이다. 이 때 두피의 색상, 두피의 각질 상태, 두피의 피지분비량의 여부, 모발에 묻어있는 피지 상태, 모발의 손상여부, 홍반과 발진 유무를 육안 또는 두피 진단기로 파악하여 설명할 수 있다.

3. 촉진

촉진은 손가락을 이용하여 피부 조직 및 모발을 관찰하는 방법으로 피지상태, 땀의 분비량, 긁어서 일려나오는 각질 상태와 두피의 탄력, 경직 상태 등을 촉각으로 인지하는 방법이다.

4. 두피 측정기 진단

두피진단기를 사용하여 두피의 색상과 모발의 굵기, 모발의 밀집도, 두피의 예민도 및 문제성과 피지량, 땀의 분비량, 모공 상태와 각질 상태를 측정하고 모발의 손상도를 파악한다.

3 모발 진단방법

1. 시진

모발을 눈으로 보고 모발의 광택과 퇴색을 확인하고 모발 끝의 갈라짐을 보고 손상정도를 파악한다.

2. 마찰저항 진단

모발결의 반대방향으로 손질하면 모표피가 거칠고 들뜬 촉감을 느낄 수 있다.

3. 인장강도 진단

인장강도는 모발을 끌어 당겼을 때 모발이 끊어지지 않고 견딜 수 있는 최대 응력을 말하는 것으로 이 진단으로 모발의 손상정도를 파악할 수 있다.

4. 다공성 모발 진단

다공성 모발진단은 소량의 스트랜드를 가지런하게 빗은 후 손가락으로 모간 끝에서 두피를 향해 밀어본다. 이때 밀려서 일어나는 모발의 양이 많을수록 다공성의 정도가 큰 모발이다.

4 두피 · 모발 진단에 필요한 기기와 도구

1. 두피 · 모발 진단기

두피 · 모발 진단기는 탈모의 진행 여부 및 정도, 모발의 굵기, 피지 및 각질의 양 등 두피의 상태와 문제점을 배율 렌즈를 사용하여 두피 상태나 모발 상태를 체크하는 기기이다. 두피의 상태는 80~250배로, 모발의 상태는 대략 800배로 관찰하고 두피, 모발 클리닉에 필요한 분석 및 처방과 함께 체계적인 고객관리를 위한 차트를 작성한다.

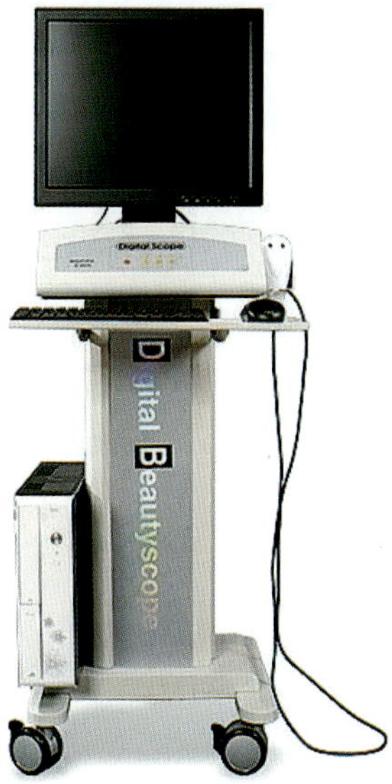

그림 1-3 I 두피 · 모발 진단기

2. 광학 현미경

광학 현미경은 1000배 정도의 고배율 렌즈를 사용하여 모발의 표면 상태나 손상된 정도를 체크하는 기기이다.

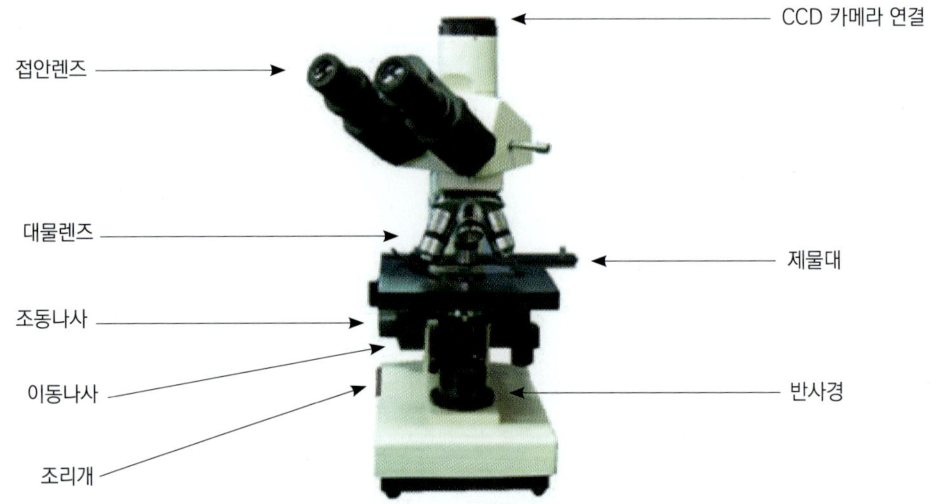

그림 1-4 I 광학 현미경

3. 확대경

렌즈의 배율을 20배로 확대하여 두피의 각질이나 비듬상태 염증 등 전체적인 두피와 모발의 상태를 육안으로 확인할 수 있다.

수행 내용 두피 · 모발 진단 기기 준비하기

수행재료 및 기기

재료	기기
· 기기 설명서	· 두피 ·모발 진단기 · 확대경, 현미경 · pH 측정기

안전 · 유의사항

- 진단기 렌즈를 떨어뜨리지 않도록 주의하여 사용하도록 한다.
- 고객이 모니터를 잘 볼 수 있도록 한다.
- 사용 전에 두피에 닿는 렌즈나 빗, 핀셋 등을 알코올 소독한다.

수행 순서

① 두피 · 모발 진단 기기의 전원을 켜고, 모니터와 확대경 렌즈를 연결시킨다.

② 고객의 기본 정보를 입력한다.
처음 방문한 고객은 정보를 입력하고 재방문 고객은 고객의 성명, 담당자별 검색으로 확인 후 정보를 입력한다.

요점정리

1. 모발의 구조

1) **모근부 :** 표피층 모낭 내부에 존재한다.
2) **모간 :** 모발이 두피 바깥쪽으로 나온 부분을 말한다. 단백질로 이루어져 있으며 모수질, 모피질, 모표피로 구성된다.

2. 모발의 성장주기

1) **성장기 :** 모모세포가 모세혈관으로부터 영양분을 공급받아 활발한 세포분열 증식을 통해 모발이 새롭게 생성되어 성장하는 단계.
2) **퇴화기 :** 성장기 이후 모발의 형태를 유지하며 휴지기로 가는 중간시기. 서서히 성장하지만 케라틴 합성이 중지된 상태.
3) **휴지기 :** 모모세포의 분열이 정지되어 성장이 멈추고 모유두의 활동이 일시정지되었다가 모낭의 수축과 동시에 모근이 위쪽으로 밀려 올라와 탈모되는 단계.
4) **발생기 :** 휴지기와 성장기의 중간단계.

3. 모발의 구성 성분

1) 지질 1~8%, 2) 수분 10~15%, 3) 케라틴 80~90%

4. 두피 진단방법

1) **문진 :** 상담카드를 작성하기 위한 질문사항으로 고객의 건강상태를 사전에 파악할 수 있다.
2) **시진 :** 두피 및 모발을 육안이나 두피진단기로 관찰하여 파악하는 것.
3) **촉진 :** 손가락을 이용하여 피부 조직 및 모발을 관찰하는 방법.
4) **두피 측정기 진단 :** 두피 진단기를 사용하여 두피의 색상 및 모발의 굵기, 밀집도 등을 측정.

5. 모발 진단방법

1) 시진 : 모발을 눈으로 보고 모발의 광택과 퇴색을 확인하고 모발 끝 갈라짐을 보고 손상정도를 파악.

2) 마찰저항 진단 : 모발결의 반대방향으로 손질하면 모표피가 거칠고 들뜬 촉감을 느낄 수 있다.

3) 인장강도 진단 : 모발을 당겼을때 끊어지지 않고 견딜 수 있는 최대 응력으로 손상정도를 파악.

4) 다공성 모발 진단 : 소량의 스트랜드를 잡고 두피방향으로 밀어서 일어나는 모발의 양이 많을수록 다공성이 큰 모발로 판단.

단원종합문제

01 다음 중 모간에 대한 설명으로 올바른 것은?

① 피부 표피층 겉에 존재
② 피부 표피층 안에 존재
③ 모낭 안에 존재
④ 모발 사이사이를 뜻함

02 다음 중 모발의 성장주기가 아닌 것은?

① 성장기
② 퇴화기
③ 휴지기
④ 분화기

03 다음 중 모발의 구성 성분이 아닌 것은?

① 아미노산
② 케라틴
③ 시스틴
④ 실리콘

마무리 학습

두피 진단방법을 통해 두피를 진단 해보자

문진으로 알 수 있는 고객의 정보를 적어보자

문진으로 알 수 없었던 모발의 상태를 시진, 촉진으로 진단 한 후 모발의 상태를 적어보자.

주의해야 할 사항은 무엇이 있을까

평가

평가준거

- 평가자는 학습자가 수행 준거 및 평가 항목에 제시되어 있는 내용을 성공적으로 수행하였는지를 평가해야 한다.
- 평가자는 다음 사항을 평가해야 한다.

학습내용	평가항목	성취수준		
		상	중	하
두피·모발 상태 분석	- 문진, 시진, 촉진 및 기기를 사용하여 고객의 두피·모발 상태를 분석할 수 있다.			
두피·모발 관리	- 두피 유형과 모발 상태에 따라 관리 방법을 선택할 수 있다.			
	- 두피·모발 분석내용을 고객 차트에 기록할 수 있다.			

평가방법

- 서술형 시험

학습내용	평가항목	성취수준		
		상	중	하
두피·모발 상태 분석	- 문진, 시진, 촉진 및 기기를 사용하여 고객의 두피·모발 상태를 분석할 수 있는 지식			
두피·모발 관리	- 두피 유형과 모발 상태에 따른 관리 방법에 대한 지식			
	- 두피·모발 분석내용을 고객 차트에 기록하는 지식			

평가자 체크리스트

학습내용	평가항목	성취수준		
		상	중	하
두피·모발 상태 분석	- 문진, 시진, 촉진 및 기기를 사용하여 고객의 두피·모발 상태를 분석할 수 있는 능력			
두피·모발 관리	- 두피 유형과 모발 상태에 따라 관리 방법을 선택할 수 있는 능력			
	- 두피·모발 분석내용을 고객 차트에 기록할 수 있는 능력			

피드백

1. 서술형 시험

- 두피 관리를 위한 학습 내용에 대해 서술형으로 질문하여 평가한 후 부족한 부분은 재시험을 보도록 한다.

2. 평가자 체크리스트

- 두피 관리 전 과정을 시행하게 한 후 평가하고, 미흡한 부분에 대해서는 향상 학습을 통해 재평가를 받을 수 있도록 한다.

학습내용 구분		평가항목	평가수준				
			매우미흡	미흡	보통	우수	매우우수
			①	②	③	④	⑤
이해정도	두피·모발 상태 분석	- 문진, 시진, 촉진 및 기기를 사용하여 고객의 두피·모발 상태를 분석할 수 있는 능력					
수행능력	두피·모발 관리	- 두피 유형과 모발 상태에 따라 관리 방법을 선택할 수 있는 능력					
수행결과		- 두피·모발 분석내용을 고객 차트에 기록할 수 있는 능력					

읽을거리 머리카락을 팔면 돈을 주던 시대

옛날 가난한 부부가 사는 집에 손님이 찾아왔습니다.

그러나 먹을 것도 없는데 대접할 것은 더욱 없는지라 남편이 난감해 하고 있던 차에 아내가 밖에 나갔다 오더니 수건을 머리에 두른 채 약주 한 주전자와 안주 대접을 들고 나타났습니다.

남편은 의아했으나 손님이 있는 고로 즐겁게 한잔하면서 옛 추억담에 시간을 보내고 있었다. 그리고 손님이 돌아가고 부엌에서 고개를 숙인 채 아궁이에 불을 지피고 있는 아내에게 남편이 물었습니다.

"여보! 어디서 돈을 구해왔소?"

그러자 아내는 눈물을 흘리며 머리를 잘라 내다판 돈으로 약주와 안주를 사왔다고 사실대로 말하였습니다.

그래서 남편이 수건을 풀어보니 머리카락이 듬뿍 잘려나가 흉물스럽기까지 했습니다.

남자도 머리카락을 함부로 자르지 못하던 시대인데 여자의 몸으로 머리카락을 자른다는 것은 수치심과 굴욕감과 여러 상황들이 말이 안 되던 시절이었지요.

남편과 아내는 서로 부둥켜안고 서럽게 울었습니다.

[출처] 머리카락 이야기|작성자 호롱불
(http://blog.naver.com/ykjuri/220440294676)

낱말풀이

〈가로열쇠〉

1. 모발이 두피 바깥쪽으로 나온 부분
2. 상담카드를 작성하기 위해 여러 가지 질문사항으로 고객의 건강상태를 파악하는 것
3. 모모세포가 모세혈관으로부터 영양분을 공급받아 활발한 세포분열 증식을 통해 모발이 새롭게 생성되는 단계
4. 두피 색상, 예민도, 모발의 밀집도, 피지량, 모공상태 등을 측정할 수 있는 기기

〈세로열쇠〉

5. 육안이나 두피진단기로 두피 및 모발을 관찰하여 파악하는 것
6. 표피층 내부 모낭안에 존재하는 부분
7. 모모세포의 분열 정지로 성장이 멈추고 모유두의 활동이 일시 정지된 단계
8. 모모세포 분열이 약화되어 서서히 성장하지만 모발 케라틴을 더 이상 합성하지 않는 단계
9. 두개골을 감싸고 있는 피부
10. 손가락을 이용하여 피부 조직 밑 모발을 관찰하는 방법

1-2 두피 · 모발 유형 분석

학습목표

- 두피 유형에 따른 특징을 이해하고 습득하여 설명할 수 있다
- 두피 유형에 따른 두피 상태를 분별할 수 있다
- 두피·모발 유형에 따라서 관리 방법을 선택하여 제시하고 수행 할 수 있다.

필요 지식

1 두피 생리

1. 표피(epidermis)

두피의 표피층 중 가장 바깥쪽을 둘러싸고 있는 부분을 표피라고 한다. 표피의 상피 세포는 세포분열을 통해 각질형성세포, 색소형성세포, 촉각인지세포, 랑게르한스세포 등으로 생성되며 투명층을 제외한 기저층, 유극층, 과립층, 각질층으로 구성되어 있다.

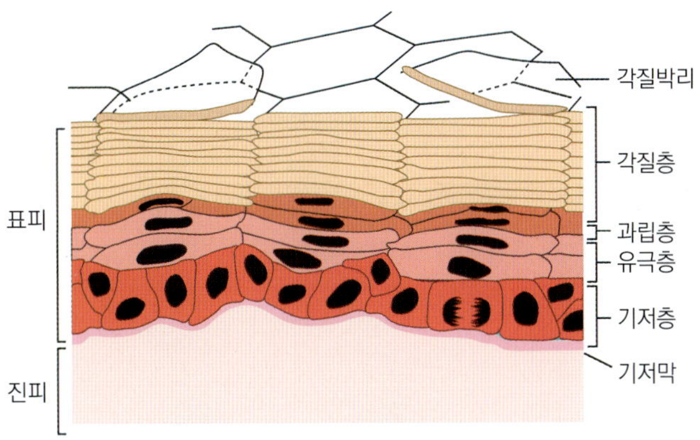

그림 1-5 ı 표피층

1) 표피 구성세포

표피는 각질형성세포(keratinocyte), 멜라닌형성세포(melanocyte), 항원전달세포(langerhans cell), 촉각인지세포(merkel cell)로 구성되어 있다.

각질형성세포는 편평상피세포가 중첩되어 각화된 얇은 층으로 겹쳐져 있으며 모유두에서 영양을 공급 받고 10~15층으로 이루어져 있다. 멜라닌형성세포는 태아시기 12~16주경 멜라닌 모세포로 분화되어 진피와 표피의 연결부위로 이동한 후 색소형성세포가 되며 기저층에 위치하고 있다. 멜라닌 세포의 수는 인종이나 성별에 관계 없이 동일하지만 서로 다른 피부와 모발 색을 나타내는 이유는 개개인이 가지고 있는 멜라닌 종류에 따라 결정되는 것이다. 항원전달세포는 색소의 유극층에 위치하고 있으며 수지상 돌기세포로 면역과 탐식기능에 관련된 기능을 하는 세포로 외부 이물질 침입 시 항체 반응을 한다. 촉각인지세포는 기저층에 위치하며 신경섬유의 말단과 연결 되어 신경이 자극을 받으면 뇌에 전달하는 역할을 한다.

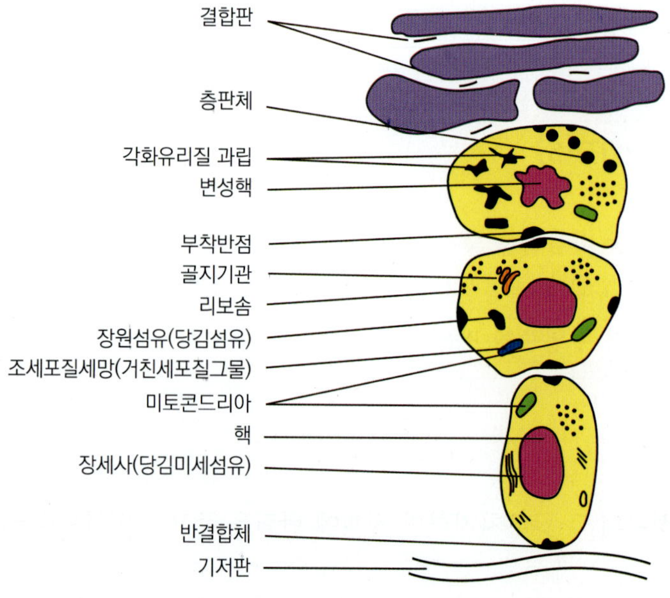

그림 1-6 | 각질형성세포

2) 표피 상피세포

표피의 상피세포는 기저층(stratum basale), 유극층(stratum spinosum), 과립층(stratum granulosum), 각질층(stratum corneum)으로 나누어 진다.

기저층은 표피의 가장 아래에 위치하고 있으며 자외선이 진피로 가지 않도록 막아주는 역할을 한다. 기저층에는 각질형성세포와 색소형성세포가 10:1로 존재한다. 유극층은 표피층 중 가장 두꺼운 두께의 층으로 5~10층으로 구성되어 있으며 가시돌기 형태의 유극세포가 존재하여 극세포층 또는 가시층이라고도 하며 외부손상으로 인한 상처의 회복을 좌우한다. 과립층은 2~5층의 과립세포로 구성되어 있으며 레인방어막이 존재하여 수분증발을 막고 인체에 수분이 과다하게 흡수되는 것을 막아준다. 각질층은 피부의 가장 바깥쪽에 위치해 있으며 비늘모양으로 겹쳐 있어서 비늘층이라고도 한다. 각질층 에는 약 15%정도의 수분을 함유한 천연보습인자가 존재하고 피지막을 형성시켜 피부내부조직을 보호한다.

2. 진피(dermis)

진피는 표피층 아래에 위치하며 표피층 보다 20~40배 두꺼운 층으로 피부 구성의 90%를 차지한다. 피부 탄력을 결정하는 부분으로 유두층과 망상층으로 나뉜다.

유두층은 표피 바로 밑에 있으며 혈관, 림프관, 근육, 신경, 모낭, 입모근, 피지선 등이 존재하며 표피의 바로 밑에 있다. 망상층은 유두층 아래에 있으며 교원섬유와 탄력섬유를 가지고 있어서 거칠고 불규칙하며 치밀한 결합조직으로 되어 있다.

1) 진피의 구성조직

진피는 교원섬유(colagen fiber), 탄력섬유(elastin fiber), 기질(ground substance), 혈관(blood vessel), 신경(nerve)으로 구성되어 있다.

교원섬유는 진피성분의 70%를 차지하며 진피에 탄력을 주고 자외선으로부터 피부를 보호한다. 또한 수분을 함유하고 있어 피부의 주름을 예방하고 물리·화학적인 자극에 대한 방어 작용을 한다. 탄력섬유는 진피에서 비교적 적은 부분을 차지하며, 피부 탄력을 결정짓는 중요한 요소로 변형된 피부가 원래 모습으로 돌아 올 수 있도록 한다. 기질은 진피의 결합섬유 사이를 채우고 있는 세포 외 물질로써 히아루론산, 콘드로이친 황산 등으로 이루어져 있다. 진피의 0.1~0.2%를 차지하며 다른 조직성분들의 주위에서 지지대 역할을 한다. 혈관은 온몸의 진피에 분포하고 있으며 유두진피와 망상진피의 경계에 위치하고 있다. 혈관은 체온조절을 위해 열을 보존하거나 방출하며 혈관을 통해 산소와 영양분을 공급한다.

2) 진피의 결합조직

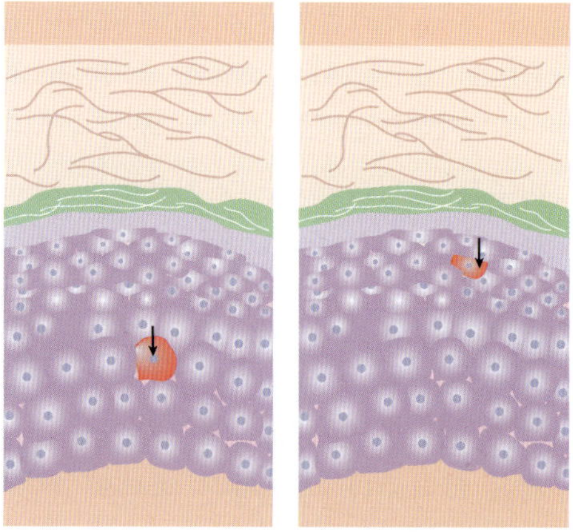

진피의 결합조직은 유두층(papillary layer)과 망상층(reticular layer)으로 구성되어 있다. 유두층은 기저세포층 아래와 진피층 윗 부분으로 불규칙적인 섬유결합의 조직이다. 피부탄력과 유연성에 관여하며 혈관유두가 있어서 피부 내 영양공급과 체온조절을 하며, 신경유두가 있어 촉각과 통각을 느낄 수 있는 부분이다. 망상층은 유두층 아래에 위치하며 그물모양의 콜라겐과 엘라스틴으로 구성되어 진피층의 대부분을 차지한다. 유두층과 뚜렷한 구분이 없으며 압각, 냉각, 온각을 느낄 수 있고 피부의 탄력과 회복에 관여한다.

3. 피하조직(hypodermis)

피하조직은 결합조직, 정맥, 동맥, 림프관, 지방세포, 모유두 등으로 구성되어 있다. 영양분을 저장하여 생체 에너지로 활용하고, 비타민 D를 합성하는 지방을 함유하고 있다. 체중의 약 14%를 차지하는 피하조직 지방세포는 외부 충격으로부터 내부 장기의 완충 역할을 한다.

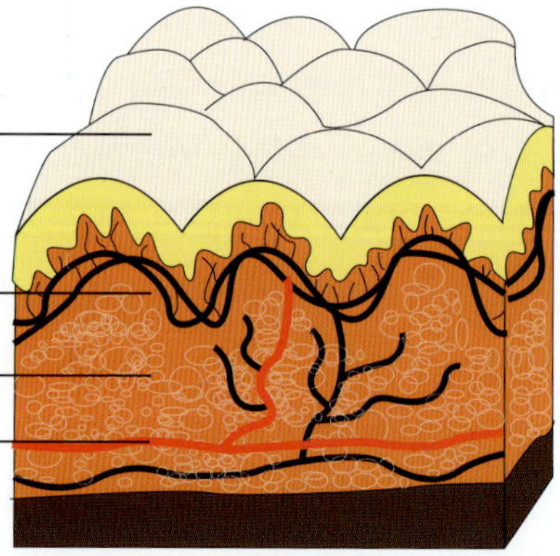

그림 1-7 I 피하조직층

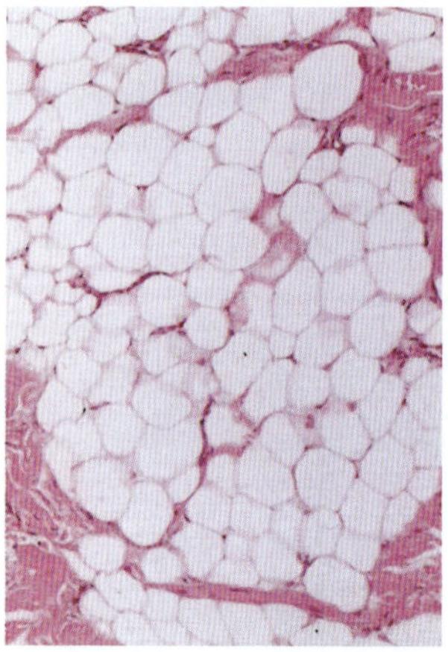

그림 1-8 I 지방 세포

2 두피의 기능

1. 보호기능

두피를 물리적 자극으로부터 보호하고, 외부 이물질이 침입하는 것을 방지해준다. 산과 알칼리를 중화시켜 화학적 자극이나 자외선으로부터 두피를 보호한다. 두피 표면의 약산성 막은 세균발육을 억제시키며 박테리아의 감염과 미생물의 침입으로부터 두피를 보호한다.

2. 흡수기능

제품을 도포하면 각질층이나 피부부속기관을 경로로 하여 표피층에 흡수된 후 진피층에 흡수되며 모세혈관으로 이행된다. 제품의 흡수는 모공〉한공〉표피 순서로 흡수된다

3. 호흡기능

인체의 99%는 폐로 호흡하지만 1%는 피부로 호흡한다.

4. 분비 배설 기능

한선에서 나오는 땀은 수용성 노폐물이나 독소를 배출하며, 피지선에서는 피지를 분비하여 면역기관의 기능을 수행한다.

5. 체온 조절 기능

모공이 수축하면서 체온을 조절하여 인체의 온도를 36.5°C로 유지하고자 한다. 한선에서는 더울 때 땀을 분비하고 입모근은 수축과 이완을 반복하고 모세혈관은 혈류량을 조절하여 체온을 유지한다.

6. 감각 수용 기능

외부의 자극이 자유신경종말이나 신경종말소체에서 받아들여지면, 신경섬유가 자극을 중추신경계로 보내게 되고 신경계통의 말단을 통해 뇌로 전달하도록 한다. 촉각, 압각, 통각, 온각, 냉각을 받아 들이는 감각 수용기 역할을 한다.

7. 비타민 D 합성 기능

자외선을 받으면 피부 내 에르고스테론이 비타민 D를 합성하여 칼슘과 인의 흡수 작용에 관여 한다.

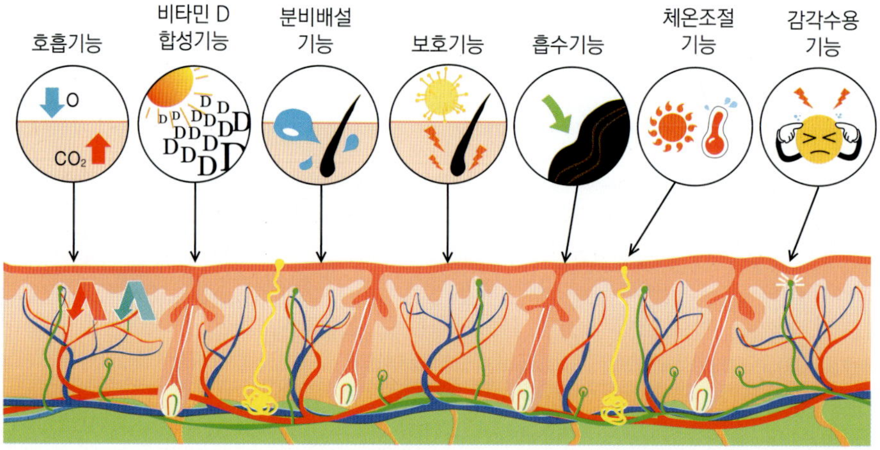

3 모발·두피 건강관리

두피관리는 본인의 상태를 정확히 알고 그에 맞는 방법을 선택하여 관리해야 하며 두피 관리의 기본은 청결한 상태를 유지하는 것이다.

건강한 두피는 푸르스름한 빛을 띠는 투명한 백색으로 피로, 스트레스, 화학제품에 의한 미용시술 등에 의하여 예민해지면 붉은 빛으로 변하고 피지분비의 불균형, 두피에 상재하는 미생물, 모낭충 등에 의해 두피염증과 비듬 등을 수반하게 될 수 있다. 또한 두피와 모발은 신체의 부위 중에서 가장 더러워지기 쉬운데 그 이유는 두피에 많은 한선과 피지선이 분포되어 있어 땀과 피지의 분비가 많고 모발이 밀착되어 있어 땀이 증발하기 어려우며 외부에 노출되어 있으므로 먼지, 중금속 등의 외부 환경에 의한 오염물질이 흡착하기에 쉽기 때문이다.

두피와 모발의 건강에서 가장 심각한 문제는 탈모와 비듬으로, 탈모의 원인은 남성호르몬에 의한 모낭기능의 저하, 모낭과 모구 부위의 신진대사 기능의 저하, 두피 생리기능의 저하, 두피긴장에 의한 국소혈류장애, 영양부족, 스트레스, 약물에 의한 부작용, 모낭염, 그리고 유전 등의 원인으로 유발된다

비듬은 임상적으로 염증 소견 없이 두피에 과다하게 쌀겨모양의 인설이 일어나는 현상으로 건선, 지루피부염의 경한 형태로 간주하기도 하나 별개의 현상으로 취급하기도 한다.

1. 두피 관리의 정의

두피 관리란 두피의 청결과 건강을 위한 다양한 미용적 시술로서 일상적인 샴푸나 두피 스켈링, 트리트먼트를 포함하며 기타 의료기기로 두피의 문제를 치료하는 것을 말한다. 위생상태가 좋아져서 예전의 두피성 질환이나 지루성 피부염과 같은 피부질환은 많이 사라졌지만 공해와 환경오염, 산업사회에서 오는 스트레스와 인스턴트 식품의 섭취 등은 모발과 두피의 건강에 새로운 문제를 유발하고 있다.

2. 두피 측정 기준

1) 피지량

피지의 분비량으로 지성인지 건성인지를 파악하며 피지 측정은 두피관리를 위한 것이므로 올바른 두피관리를 위해서는 정확한 두피 관찰이 중요하다

두피 관리 시 사용하는 제품은 일반적으로 민감성라인, 지성라인, 건성라인으로 구분되어 있는데 민감성라인은 약한 자극에도 두피에 이상이 나타나고 모세혈관이 확장된 두피에 사용하며 지성라인은 피지분비 억제를 위한 성분들이나 세정력이 강한 성분들이, 건성라인의 경우 보습성분과 유분이 많이 함유되어 있다. 건성 두피에 지성 라인을 사용하거나 지성 두피에 건성 라인을 사용하다면 오히려 역효과를 초래 할 수 있다.

2) 두피의 색

정상적인 두피의 색은 맑고 투명한 우유 빛을 띄지만 탈모성 두피를 보면 황색으로 보이거나 얼룩이 진 것을 볼 수 있다. 또 심한 지루성 두피는 붉은 색을 띠는 경우가 많으므로 두피의 색을 측정하여 두피의 건강상태를 진단한다.

3) 모공의 상태

정상적인 두피의 모공과 머리카락이 접해있는 부위가 오목하게 들어가서 선명하게 보이고 시원하게 뚫려 있지만, 모공이 피지와 각질로 막혀 있는 두피는 피지선에서 만들어진 피지가 잘 분비되지 못하고 역류하여 탈모로 이어지기도 한다. 심한 경우 압박을 받아 모발이 약해지게 되므로 모공이 잘 열려 있는지를 관찰한다.

4) 모발의 밀도

모발은 모발의 성장주기에 따라 성장기, 퇴화기, 휴지기 단계로 성장과 퇴행을 반복하는데 정상적인 두피의 경우 성장기 단계의 약 85%~90%, 퇴화기와 휴지기 단계의 모발이 10~15% 정도 차지한다. 200배율 확대 모발진단기로 두피를 살펴보면 보통 한 화면에 2~3개의 모공이 살펴지는데 한 모공에서 1~2개의 모발이 굵게 나와 있으면 정상적이라 볼 수 있다.

5) 모발의 굵기

모발의 굵기는 인종과 연령 개인차에 따라 다르게 나타나지만 보통 동양인의 경우 0.08~0.1mm 정도인데 모발 진단기를 이용하여 관찰하면 굵은 모발과 가는 모발을 쉽게 구분할 수 있다. 새로 자라는 모발이 굵게 자라지 못해 가늘거나 실처럼 보이면 모발 성장에 이상이 있을 수 있기 때문에 기존의 모발이나 신생모가 굵게 자라는지를 확인하여야 한다.

4 두피 유형

1. 정상 두피(plain scalp)

두피 관리의 기준이 되는 유형으로 한 모공에 2~3가닥의 모발이 전체 두피의 50% 이상 있으며 모공이 열려 있고 두피색은 연한 청색이나 맑은 살구색을 띤다.

두피 손상의 예방과 정상 상태를 유지하는데 관리의 초점을 두어 규칙적으로 두피 스케일링과 유·수분을 공급해 주고 아침보다는 저녁에 샴푸하여 완전히 말린 후 취침하도록 한다.

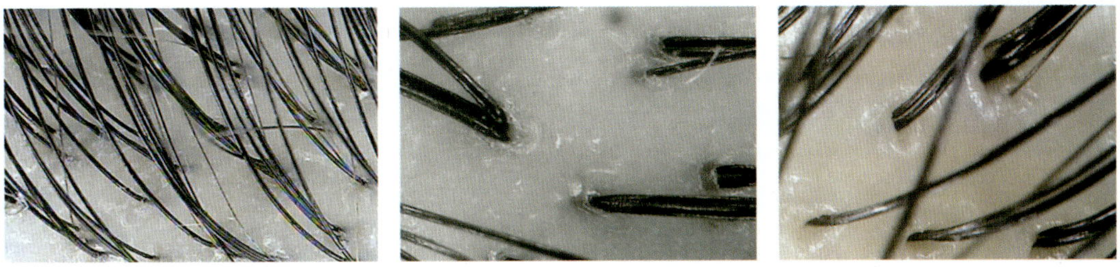

그림 1-9 ı 정상 두피

정상 두피의 특징
· 모세혈관의 원활한 확장으로 혈색이 좋음 · 연한 청색이나 맑은 살구색으로 맑고 투명한 톤으로 번들거리지 않고 탄력 있음 · 피지선의 분비가 원활하며, 적당하게 수분량과 피지막이 분포 · 정상적인 두피 세포의 각화주기로 정상적으로 진행되어 노화된 각질이나 피지 산화응고물이 거의 없는 상태 · 모공이 열려 있으며 모공 주변이 깨끗한 상태

2. 건성 두피(dry scalp)

두피에 유·수분이 부족하여 건조한 상태로 각질이 들떠 있으며 두피가 갈라져 있는 상태이다.

두피 스케일링과 두피 마사지를 시행하고 건성 두피용 샴푸 사용 후 찬바람으로 말려 주며 두피용 토닉으로 유·수분 공급 및 두피를 진정시킨다.

건성두피의 특징
· 피지선과 한선의 기능이 저하되어 두피 건조 · 노화 각질이 두껍게 쌓여 두피의 색상이 탁함 · 2~3일 정도 샴푸하지 않아도 두피에 유분이 많지 않음 · 각질화 현상으로 모공이 막히게 되고 모발도 점차 가늘어짐 · 저항력이 약하여 쉽게 상처가 나거나 피부병이 생김 · 땀과 피지 분비가 부족한 상태로 건조함과 약간의 가려움증을 느끼게 함 · 두피가 가렵고 따가운데 이를 방치할 경우 예민성 두피로 전환되기 쉬움 · 유분과 수분이 없어 피부 표면이 건조하고 거칠며 각질형성이 매우 빠름 · 함몰된 모공 속으로 세균이나 먼지, 화학성분들이 쉽게 흘러들어가 모근에 악영향끼침 · 모발의 천연보습인자인 아미노산의 혼합물이 부족한 상태로, 수분을 저장시키는 힘이 없으며 피지 분비 부족으로 피지막 형성이 되지 않아 모발 표면에 수분이 증발하는 것을 막지 못함

건성두피의 원인
· 피부의 피지선과 한선의 기능이 저하된 두피는 피지분비의 부족으로 두피가 건조하게 된다 · 잦은 샴푸, 부적절한 헤어드라이, 퍼머, 염색 등의 잦은 미용시술로 인해 두피 및 모발이 자극을 받아 건조한 상태가 됨 · 혈액순환이 원활하게 이루어져야만 필요한 산소 및 영양공급이 충분히 공급되지만 혈액순환이 원활하지 못함으로 인해 두피 및 모발에 건조하고 탁한 색의 두피로 나타남 · 유전적인 소인의 영향으로 인해 건성두피로 나타날 수 있음

그림 1-10 | 건성 두피

3. 지성 두피(oily scalp)

과다한 피지 분비로 인해 과산화 지질이 생성되어 두피 표면이 둔탁하고 투명감이 없는 상태이다. 두피 스케일링을 하여 피지 응고물을 제거하고 여름에는 샴푸를 하루에 두 번 해도 무방하며, 매일 샴푸하여 두피를 청결하게 한다. 지성 두피용 샴푸 및 토닉으로 두피의 pH를 조절하여 약산성 상태를 유지시켜 준다.

지성 두피의 특징
· 두피에 피지분비가 과도해서 하루만 샴푸를 안 해도 모발에 유분이 많이 끼고 달라 붙음 · 비듬, 각질, 피지가 엉겨서 모공을 막아 지루성 탈모가 되기 쉬움 · 모공 주위가 피지와 그 응고물들로 막혀 있어 모공에 물이 고여 있는 것처럼 보이고 부피의 투명감이 없어 둔탁함 · 피부 본래의 세균에 대한 보호기능이 약화되어 세균이 쉽게 번식하여 염증이 잘생김 · 모공이 막혀 있어 모근 세포의 호흡작용에 이상이 생기므로 모발이 가늘어지고 탈모를 유발함

지성 두피의 원인
· 피지선에서 스트레스 등의 요인에 의해서 피지의 분비가 과다하게 분비되는 경우 또는 호르몬의 불균형으로 인해 지성두피가 유발될 수 있음 · 모발의 청결 및 혈액순환을 위해서 샴푸방법이 올바르지 않거나 적절한 시기에 샴푸를 하지 않는 경우 지성두피가 발생 될 수 있음 · 유분과 당분이 많은 음식, 자극적인 음식의 섭취로 피지의 분비가 과다하게 되거나 불면증, 흡연 등으로 인해 지성두피가 발생 될 수 있음 · 유전적인 요인, 환경오염 등에 의해서 발생함

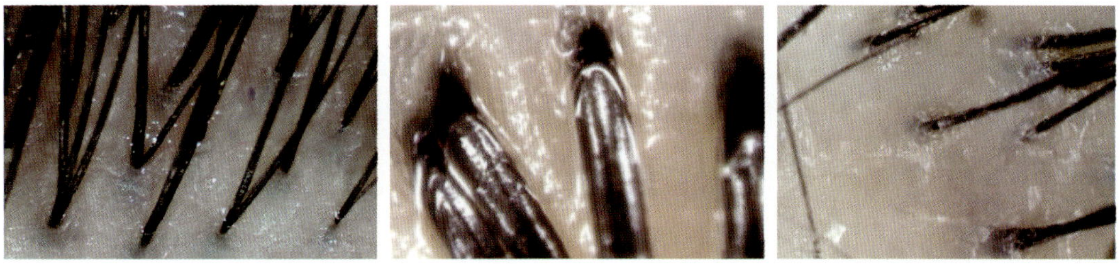

그림 1-11 ｌ 지성 두피

4. 민감성 두피(sensitive scalp)

두피가 얇아서 모세 혈관이 전체적 또는 부분적으로 드러나 보이는 상태로 내적인 원인과 외적인 원인이 있으며 내적 원인은 단기간의 관리 효과를 기대하기는 어렵다.

두피를 민감하게 하는 스트레스를 줄이고 두피에 물리적·화학적 자극을 주지 않도록 한다. 어깨, 목 등에 뭉친 근육을 풀어 주고 잠을 푹 자도록 한다. 민감성 샴푸를 사용하여 두피를 진정시켜 주도록 한다.

건성, 지성, 비듬, 탈모 두피 등 어느 두피에서도 민감성이 나타날 수 있으므로 이때는 두피의 민감 원인을 개선해 주는 관리를 먼저 시행해 준다. 민감성 두피는 개선이 쉽게 되지 않으므로 오랫동안 꾸준하게 관리하도록 한다.

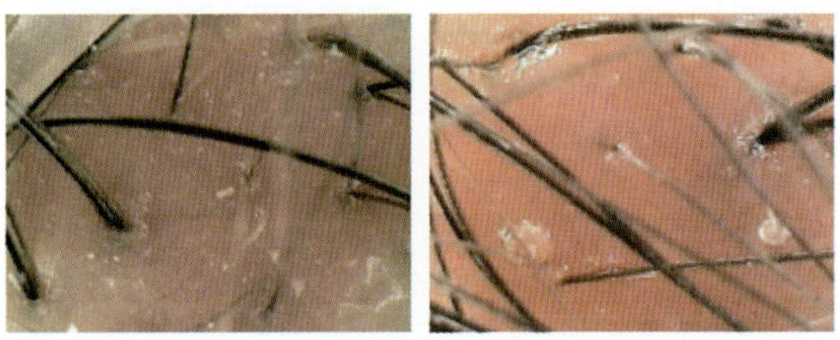

그림 1-12 ㅣ 지성형 민감성 두피

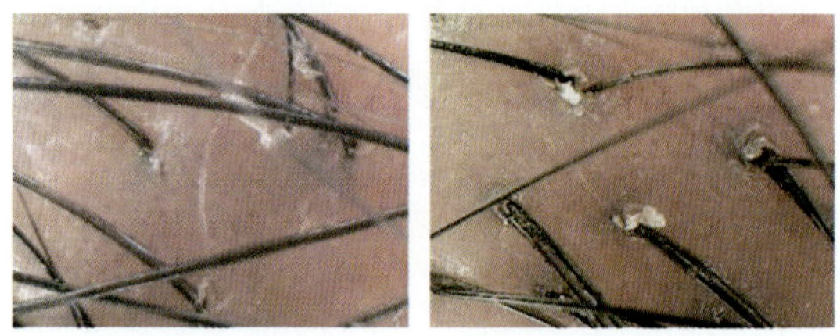

그림 1-13 ㅣ 건성형 민감성 두피

민감성 두피의 특징
· 두피표면이 붉은 색을 띄고 있음
· 붉은 혈관이 부분적으로 혹은 전체적으로 나타나기도 함
· 피부가 얇으며 모세혈관들이 들어나 보임
· 손톱이나 스파츌라로 긁으면 금방 붉은 빛을 띰
· 헤어제품에 민감한 반응이 나타나며 가렵거나 따가운 증상을 나타냄
· 세균감염으로 인해 두피에 염증이 나타나기도 하며 심한 경우에는 지루성 두피로 전환되기도 함
· 전체적으로 모발이 가늘어지기도 하지만 일시적인 민감성두피에서는 모발의 굵기가 변화가 없음
· 민감성두피는 건성, 지성, 비듬, 탈모두피 등 모든 두피에서 함께 나타날 수 있음

민감성 두피의 원인
· 최근 들어 학업, 스트레스, 화학 화장품, 수면시간부족이나 수면불량, 혈액순환저하 등으로 민감성 두피가 점점 많아지고 있음

5. 지루성 두피

과다한 피지 분비 및 피지 산화, 각질의 생성 촉진으로 비듬균이 과다 증식하고 염증이 많은 상태이다. 남녀노소 누구나 생길 수 있으며 재발률이 높다. 약용 샴푸나 비듬 샴푸로 아침저녁으로 샴푸하도록 하며, 피지 조절을 위해 비타민 B2, B6 등이 풍부한 식품을 섭취하도록 한다. 스트레스를 풀어 주고, 화학적 시술을 가급적 피하도록 한다. 증상이 심할 경우 반드시 전문의에게 치료를 받도록 한다.

그림 1-14 | 지루성 두피

지루성 두피의 특징
· 두피의 과다한 피지가 앞이마라인을 따라서 증상이 나타나기 시작함 · 초기에는 두피가 붉고 번들거리기 시작함. · 예민성 두피와 지성두피의 혼합처럼 보임 · 샴푸 후 8시간이 지나면 다시 두피에 기름이 지기 시작하며 가려움증이 나타나기 시작함 · 두피에 노랗게 곪은 염증이 나타나며 가려움증이 심함

지루성 두피의 원인
· 유전적 요인으로 안드로겐 호르몬의 분비가 왕성하거나 갑상선기능 항진증이 있는 경우에 생김 · 과도한 스트레스로 인해 호르몬의 균형이 깨져 남성호르몬의 분비가 많아지기 때문임 · 피지분비가 과도하게 분비되었지만 샴푸를 깨끗하게 하지 않을 때 생김 · 인스턴트식품, 지나치게 기름기가 많거나 당분이 많은 음식물을 섭취한 것이 원인 · 경구용 피임약이나 스테로이드제를 남용할 경우 발생

6. 복합성 두피

두피는 지성이며 모발은 파마, 염색, 드라이 등으로 인한 손상에 의해 건성인 상태이다. 두피 유형에 맞는 샴푸를 사용하며 모발에는 영양을 주는 트리트먼트를 하도록 한다.

그림 1-15 ㅣ 복합성 두피

복합성 두피의 특징
· 두피는 지성이나 모발은 건성인 상태 · 피지선의 활동은 지성두피를 형성하나 펌이나 염색 등의 잦은 화학시술로 인해 모발은 건성화되어 있음 · 두피가 단단해지면서 모근에 압박이 가해져 혈액순환이 원활하게 이루어지지 못해서 모발에 영양공급이 되지 않음

복합성 두피의 원인
· 펌이나 염색 등의 잦은 미용시술로 인한 두피와 모발의 손상으로 인하여 발생함 · 과도한 스트레스와 과로에 의한 두피의 긴장으로 혈액순환과 영양공급의 장애로 인하여 나타남 · 피지선의 이상 활동으로 인하여 피지의 과다분비와 호르몬의 불균형으로 복합성두피를 유발시킴

7. 비듬성 두피

각질 세포의 이상 증식으로 인한 비듬균의 증가로 가려움이 동반되는 상태로 건성 비듬과 지성 비듬이 있다.

(1) 건성 비듬

두피를 청결하게 해 주고 비듬 전용 샴푸를 사용한다. 약용 샴푸 사용 시 증상이 호전되면 사용 횟수를 줄여 준다.

잦은 퍼머나 염색과 같은 화학적 시술을 자제하고 두피에 유·수분을 공급해 준다.

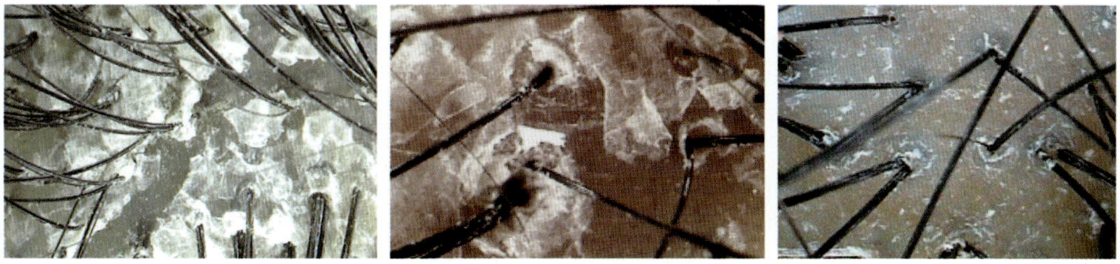

그림 1-16 ｜ 건성 비듬 두피

건성 비듬의 특징
· 각질층의 건조, 각질 세포의 이상 증식에 의해 어깨나 머리에 떨어지는 하얀 가루 형태의 비듬이 형성됨 · 잦은 펌, 염색, 탈색에 의해 과도하게 피지가 제거된 경우로 알칼리성의 퍼머제, 염색제, 탈색제, 비누, 샴푸 잔유물로 인해 발생할 수 있음 · 모발이 푸석거리고 가려움증을 수반함

건성 비듬의 원인
· 잦은 펌, 염색, 드라이 등의 과도한 미용시술로 두피가 건조해진 상태에 적절하지 않은 헤어 케어 제품의 사용으로 인해 발생할 수 있음 · 과도한 스트레스와 수면부족 등으로 인한 신지대사의 불균형으로 인하여 비듬균이 증식될 수 있음. · 계절적으로 건조한 기후인 경우에 두피·모발의 건성화로 인해 비듬을 유발 시킬 수 있음 · 두피·모발 샴푸 시 충분히 헹구지 않았을 경우에 건성비듬을 유발시킴

(2) 지성 비듬

비듬 전용 샴푸를 사용하여 과도한 피지를 조절해 주고 비듬균을 살균 소독한다. 주 2회 두피 스케일링과 마사지를 하며 적절한 유·수분을 공급해 준다.

그림 1-17 ㅣ 지성 비듬 두피

지성 비듬의 특징
· 모공주위에 피지·땀·오염물질과 함께 각질이 엉겨 붙어 누렇고 끈적거림 · 증상이 심해지면 지루성 피부염으로 발전될 수 있음 · 과도한 스트레스 및 피로의 누적으로 인해 지성 비듬이 심해짐 · 두피의 피지는 산화과정에서 악취와 가려움증 및 염증을 나타나며 심각한 경우 탈모로 이어질 수 있음

지성 비듬의 원인
· 과도한 스트레스와 불충분한 영양섭취로 인해 신진대사의 불균형을 가져오게 되므로 발생함 · 남성호르몬의 불균형으로 인한 피지의 과다 분비로 비듬균이 이상 증식하여 두피 각질화 주기의 이상을 초래 할 수 있음 · 화학성분이 강한 샴푸제 또는 알코올성분이 강한 헤어제품 사용은 두피와 모발이 자극을 받아 지성비듬을 유발 시킬 수 있음

8. 탈모 두피

성장기 모발이 줄어들고 휴지기 모발의 비율이 증가하여 1일 100개 이상의 모발이 빠지는 두피이다.

어깨, 등, 상박에 마사지를 하여 뭉친 근육을 풀어 주며 적절한 두피 스케일링과 샴푸를 시행하고 두피 토닉과 영양제를 도포한다. 단백질, 비타민, 무기질의 영양소를 충분하게 섭취하며, 지나치게 자극적인 음식, 즉석식품, 음주, 흡연 등을 자제하도록 한다.

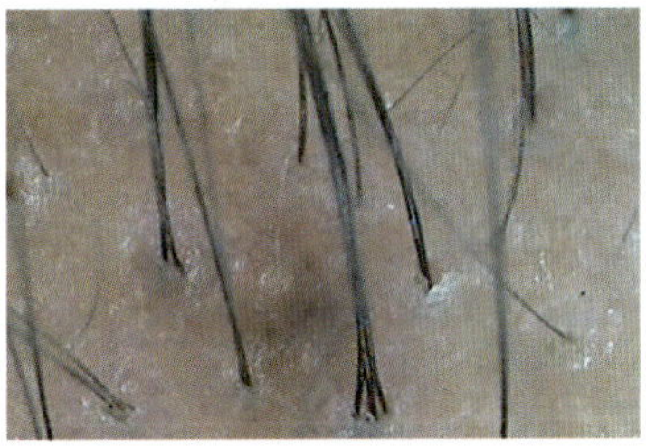

그림 1-18 ı 탈모 두피

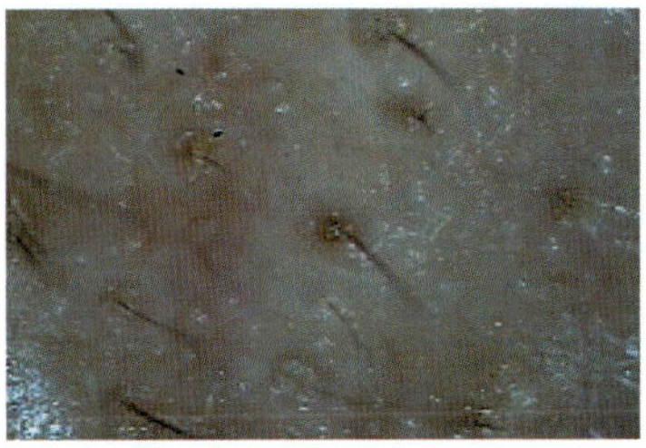

그림 1-19 ı 말기 탈모 두피

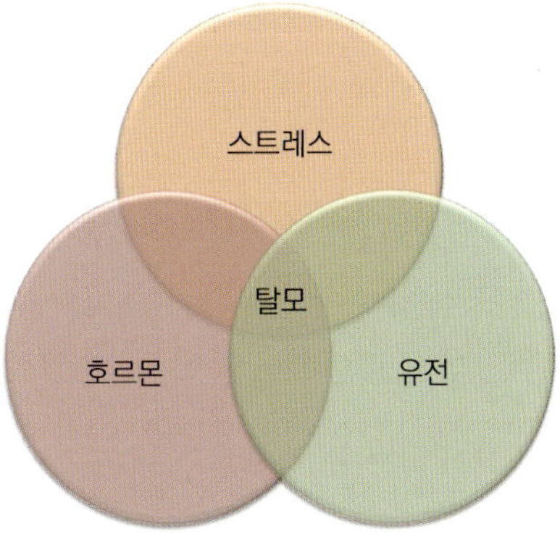

그림 1-20 ı 호르몬과 유전

탈모 두피의 특징
· 피지분비의 저하로 인해 두피가 건조하거나 세균에 감염되었을 경우 두피가 가려움 · 피지 및 노폐물이 많아짐 · 모발이 나오는 숫자보다 빠지는 숫자가 많아짐 · 앞 이마라인이나 정수리의 모발이 특히 가늘어지고 숱이 없어짐 · 휴지기가 길어지고 성장기가 짧아짐 · 모근이 피부위층으로 밀려 올라와 모근의 깊이가 짧아짐

1) 내부적 원인

(1) 호르몬

남성 호르몬인 테스토스테론이 모낭의 5α-리덕타아제 환원 효소와 결합하여 DHT(dihydro testosterone)를 생성한다. DHT는 모낭의 단백질 합성을 저해하여 모주기의 성장기를 단축시켜 탈모를 유발한다.

(2) 유전

탈모의 직접적인 원인 중 하나로 탈모 유전 인자는 우성으로 부계유전은 1.5배 모계유전은 7.5배의 유전을 받는다. 그러나 유전인자가 있다고 해서 모두 탈모가 되는 것은 아니라 남성호르몬의 영향을 일정한 기간 동안 받아야만 증상이 나타난다. 아무리 유전적 소인을 갖추고 있어도 호르몬 발현이 시작되는 사춘기에는 탈모가 나타나지 않고 어느 정도 나이가 들어야 탈모가 발현되는 것은 이 이유 때문이다.

(3) 스트레스

탈모의 요인을 부추겨 탈모를 앞당기는 역할을 하는 촉매제이다. 인체는 스트레스를 받으면 면역력을 저하시켜 신체 중에서 가장 취약한 부분에 증상이 나타난다.

스트레스가 인체에 미치는 영향에는 2가지 이유가 있다. 첫째, 스트레스를 받으면 이를 감지한 교감신경계의 신경세포들이 교감신경계를 활성화시키게 되고 부신수질에서 아드레날린과 노르아드레날린의 활성을 증가시킨다. 둘째, 뇌에서 감지된 스트레스는 시상하부-뇌하수체-부신 축에도 영향을 미침으로써 코티졸과 같은 스트레스 호르몬의 분비를 촉진시킨다.

코티졸은 간에서 포도당을 분비시키고, 조직에서 혈액으로 지방 성분을 분비시키고, 단백질의 흡수를 억제하게 된다. 스트레스가 지속되면 인체에 힘을 내는데 필요한 근육, 뇌, 심장에 더 많은 혈액을 늘리는 대신 혈액이 가장 적게 요구되는 피부나 소화기관, 신장, 간으로 가는 혈류의 양을 줄이게 된다. 부족한 에너지의 양을 보충하기 위해서는 혈액 속에 있는 당이나 지방, 콜레스테롤 양을 증가시키게 되는데, 이러한 상황이 지속될 경우, 피부나 소화기관, 신장, 간으로 가는 혈류의 양이 부족하게 되어 기능저하를 초래하게 되고, 지나치게 분비된 당이나 지방, 콜레스테롤의 양은 성인병의 원인이 된다. 따라서 스트레스는 모유두에 연결된 모세혈관을 위축시키며 원활한 영양공급을 하지 못하도록 하여 탈모를 유발시키는 원인이 되는 것이다.

(4) 영양 장애

우리 몸에 섭취된 음식물은 분해, 흡수를 거쳐 혈관을 통하여 인체의 각 부분으로 보내진다. 소화기관에 이상이 있거나 소장의 기능에 이상이 생기면 두피의 신진대사에 이상이 생겨 피부염이나 과도한 각화 현상 및 모발의 원료인 단백질의 공급을 받지 못하여 모발의 성장둔화를 가져오게 된다.

건강한 두피는 모근을 강하게 유지할 수 있는 기반이기 때문에 항산화 비타민 C, 비타민E나 피부염 예방 및 피지조절기능이 있는 비타민 B군, 충분한 혈액을 만드는 철분 등의 무기질의 섭취를 적절히 해주는 것은 탈모를 예방하는데 중요한 요인이다. 따라서 지나친 다이어트는 인체의 영양 균형을 망가트려 영양장애로 인한 탈모의 원인이 되기도 한다. 피부염 예방 및 피지조절기능이 있는 비타민 B군, 충분한 혈액을 만드는 철분 등의 무기질의 섭취를 적절히 해주는 것은 탈모를 예방하는데 중요한 요인이다. 따라서 지나친 다이어트는 인체의 영양 균형을 망가트려 영양장애로 인한 탈모의 원인이 되기도 한다.

(5) 질병

갑상선 질환, 매독, 콜레라, 말라리아 등의 질병, 자궁 내 질환, 항암치료 등에의 한 원인으로 탈모가 발생 될 수 있다. 아무리 외적으로 좋은 제품으로 탈모관리를 잘해도 내부적인 신체질환을 치료하지 않으면 결과는 나아질 수 없다. 탈모의 원인을 진단할 때 전문의의 상담을 통해 신체의 이상을 먼저 파악하는 것이 중요하다.

(6) 노화

25세를 기점으로 인체는 노화되기 시작한다. 인체의 노화로 인해 세포분열이 둔화되어 모발은 점점 가늘어지며, 성장기가 짧아지는 모발의 성장주기의 변화를 가져온다. 또한 피지선 및 한선의 분비물이 저하되어 두피가 건성화 되며, 50세 이후에는 진피 층의 탄력이 감소하여 두피조직이 얇아져 모근부의 기반이 약해지기도 한다.

(7) 물리적·화학적 자극 등

브러싱, 세게 당겨서 묶기 등은 물리적 자극을 줄 수 있으며 잦은 화학시술로 인해 탈모가 되기도 한다.

2) 외부적 원인

심한 외상으로 인하여 두피조직이 파괴된 경우를 제외하고 내부적 원인에 비해 외적인 요인만 제거하면 되므로 관리가 수월하다.

(1) 물리적 자극

샴푸 할 때 손톱에 의한 두피자극, 브러싱 할 때의 마찰에 의한 정전기, 세팅, 업스타일, 가발착용 등 다양한 헤어스타일링 작업 시 핀에 의한 두피자극은 두피에 상처를 내거나 예민하게 하여 염증을 유발하며 탈모를 유발 시키거나 반흔성 탈모를 만들 수도 있으므로 주의해야 한다.

(2) 화학적 자극

펌, 염모제등의 화학제품이 두피의 모공 속에 들어가 모낭의 염증이나 두피의 건조 및 과도한 각화를 발생시킨다. 화학성분이 강한 샴푸제의 사용 및 잘못된 샴푸 법에 의해 비듬, 염증, 과각화현상 등을 야기 시킨다. 과도한 두피관리 및 사용 제품의 오류 두피각질 제거 성분이 과한 제품으로 스켈링을 자주하거나, 알콜 함유량이 많은 두피제품을 사용할 경우, 잘못된 두피진단으로 두피 타입에 맞지 않는 제품을 사용하여 잘못된 관리를 한 경우 두피가 예민해 질 수 있다.

(3) 계절적 요인

건조한 봄·가을의 일교차 및 겨울철 난방기, 여름철 에어컨의 사용으로 두피가 건조해져 비듬이나 각질이 생길 수 있다. 봄·여름의 강한 자외선은 두피를 노화시키며, 겨울철의 체온은 인체의 면역력을 떨어뜨려 두피조직의 면역력을 저하시킨다. 가을철에는 일조량이 줄어 듬으로 인해 멜라토닌호르몬의 증가로 남성호르몬의 분비가 많아져 탈모에 영향을 줄 수 있다.

3) 탈모의 종류

(1) 휴지기성 탈모

일상생활에서 자연적으로 빠지는 모발로 기본적으로 휴지기의 모발이 빠진다.

출산 후 탈모, 남성형 탈모(androgen alopecia), 여성 안드로젠 탈모, 내분비질환에 의한 탈모 등이 있다.

(2) 성장기성 탈모

성장기에 모발이 빠지는 탈모이다. 원형 탈모, 압박성 탈모, 약제성 탈모, 반흔성 탈모 등이 있다.

5 모발 상태

1. 손상 모발

마찰에 의한 모표피의 들뜸과 탈락, 모발 끝의 갈라짐, 시스틴 함량의 저하, 이상 모발 변성, 멜라닌 색소의 퇴색, 다공성 모발 등의 상태이다.

2. 강모

손상이 없는 건강한 상태의 모발로 모표피의 스케일이 들뜨지 않고 잘 겹쳐져 있는 상태이다.

3. 발수성 모발

모표피의 스케일이 두꺼워 수분이나 모발 제품을 흡수하지 않는 모발이다.

6 고객 상담

고객의 생활습관과 건강상태, 나이, 유전력 등을 체크하여 두피 및 모발에 발생된 문제점을 고객에게 제시하고 이와 관련된 정보와 지식을 전달하여 고객의 의견을 존중한 적절한 관리프로그램과 건강한 생활습관을 실천 유지할 수 있도록 적극적으로 관리하는 것을 말한다. 관리를 원하는 대부분의 고객들은 자신에게 발생된 두피 및 모발의 문제를 부끄럽게 생각하거나 혹은 매우 예민하게 반응할 수 있으므로 고객과의 상담은 매우 중요하다.

- 대화는 친절하고 부드러운 분위기로 대화하여 고객이 거부감이 들지 않도록 한다.
- 고객의 질문에 정확하게 대답을 하고 고객에게 적절한 정보를 제공함으로써 신뢰감을 형성한다.
- 고객마다 다른 성향을 보이기 때문에 이에 맞는 표현으로 효과적인 이해를 할 수 있도록 한다.
- 심리상태, 건강상태, 생활습관, 식사, 두피와 모발 손상의 원인 등을 꼼꼼하게 체크하여 고객관리 카드를 작성한다.

1. 상담카드 작성

- 기본적인 인적사항을 기재한다.
- 사용하는 샴푸, 린스, 헤어제품, 모발 건조 습관을 기재한다.
- 화학시술 경험 및 시술 종류, 시술 기간을 기재한다.
- 하루 식사 횟수, 식사 및 다이어트, 음주, 흡연, 커피 등의 사항을 기재한다.
- 취침 및 수면 시간, 숙면 여부를 기재한다.
- 운동여부와 운동시간, 운동종목을 기재한다.
- 출산 여부와 자녀 수, 생리 주기와 상태 등을 기재한다.
- 약 복용 및 과거 두피 관련 치료 여부와 기타 병력을 기재한다.
- 고객 상담과 두피 진단 후 탈모의 원인을 기재한다.
- 두피의 상태와 비듬, 모공, 두피 톤 등을 기재한다.
- 모발의 굵기, 피지량, 화학시술 상태를 기재한다.
- 고객의 두피상태에 따른 제품 선택 및 관리 방법을 기재한다.
- 건강한 두피를 유지하기 위하여 구체적인 조언 사항을 기재한다.

상담카드 작성시 확인사항

종류	내용
과거 두피, 모발 문제점	과거의 두피와 모발 문제에 대한 원인과 치료사항 확인
병력과 징후	질병여부, 과거와 현재의 건강상태 확인
의약품	항생제, 수면제, 진통제 등과 같은 약물의 장기복용여부 및 호르몬에 영향을 주는 피임약 등 복용 확인
기호식품	카페인 함유 음식물 섭취와 흡연여부 파악
식습관	일상적인 식생활 파악
생리주기와 상태	생리 시 피부상태나 신경이 예민해지는지 파악, 출산여부 확인
다이어트 여부	다이어트 시 영양부족으로 모낭의 영양결핍이 나타날 수 있으며 모발이 가늘어지고 탈모가 진행되기도 한다
운동량	혈액순환, 신진대사에 이상이 있을 경우 탈모가 나타나기도 한다
냉난방 노출정도	각질층의 수분함유량에 따라 건조, 예민, 노화현상 확인
알레르기	특정 성분 알레르기 여부 확인, 아로마 및 금속 알레르기 확인
스트레스	스트레스 원인파악, 호르몬 분비에 따라 피부상태가 달라진다
사용제품과 관리습관	홈케어용 제품 확인, 성분과 사용법 파악

2. 두피·모발 진단

고객의 탈모테스트나, 모주기 검사 등을 통해 두피·모발을 진단하여 문제가 발생된 부위를 확인하고, 상담을 통해 얻어진 정보를 토대로 문제의 원인을 파악하여 상담차트를 작성한다. 이때 고객에게 문제 발생의 이유를 분명하게 설명해야 고객으로부터 신뢰감을 얻을 수 있으며, 두피관리 프로그램을 원활하게 진행할 수 있다.

1) 모주기 검사

성장기 모발과 휴지기 모발의 비율을 검사하는 방법으로 모주기 검사를 통해 고객의 탈모 진행정도를 파악할 수 있으며 모주기 변화를 현미경 화면에서 비교하여 개선효과를 확인할 수 있다.

검사방법	커트 전 현미경 진단 → 커트 후 현미경 진단(모발 수 확인) → 3일 후 현미경 진단(덜 자란 휴지기 모발 수 확인)
정상두피	모발 30~40개, 휴지기 모발 비율을 10~14%, 모발 굵기는 0.07~0.08mm

3. 진단 결과 후 프로그램 선택

두피 진단 후 고객의 두피 상태에 따른 적절한 관리 방법을 파악하고, 이에 대하여 고객에 사용되는 제품 및 시술 방법, 시술 효과 등을 구체적으로 설명함으로써 고객이 관리를 받아야 할 필요성을 인식하게 하여 보다 효과적으로 관리가 이루어질 수 있도록 한다.

4. 시술

고객에게 맞는 두피관리 프로그램 선택 후 본격적으로 두피관리 프로그램을 진행한다. 두피 마사지, 두피 스케일링, 두피 클린징, 두피 영양제 도포 등 고객의 두피 상태에 적절한 제품을 사용하여 시술한다. 이 때 고객의 불편 사항이 있으면 바로 확인하여 고객이 편안한 분위기에서 시술받을 수 있도록 한다.

5. 홈 케어 지도

두피관리 프로그램을 종료하면 관리사는 고객의 두피상태를 최종 점검한 후 시술하고 변화된 결과를 설명한다. 한 번의 시술로는 두피상태가 회복되지 않으므로 고객의 생활습관 및 사용 제품 등에 대하여 올바른 방향을 제시해주고, 지속적인 관리 프로그램을 이용할 수 있도록 적극적으로 지도해준다.

두피 및 모발에 관한 전문적인 지식을 습득하여 고객의 두피 상태를 정확하게 진단함으로써 보다 유익한 정보를 제공하고, 적절한 관리를 통해 고객이 신뢰감을 가질 수 있도록 한다.

두피 및 탈모관리 상담차트

<table>
<tr><td>상 담 일</td><td></td><td>고 객 명</td><td></td><td>연 락 처</td><td colspan="3"></td></tr>
<tr><td>성 별</td><td></td><td>연 령</td><td></td><td>결혼여부</td><td></td><td>직 업</td><td></td></tr>
<tr><td>신장(키)</td><td></td><td>체 중</td><td>kg</td><td>혈 액 형</td><td colspan="3">A B O AB</td></tr>
<tr><td>생리주기</td><td></td><td>자 녀 수</td><td></td><td colspan="2">피임약 복용 여부</td><td colspan="2"></td></tr>
<tr><td>몸 상 태</td><td colspan="7">○몸이 차다 ○열이 많다 ○손발이 차다 ○두상에 열이 많다 (기타특이사항:)</td></tr>
<tr><td>식 사 량</td><td colspan="3">○소식(小食) ○보통 ○과식(過食)</td><td>식사스타일</td><td colspan="3">○채식 ○육식 ○인스턴트식</td></tr>
<tr><td>소화상태</td><td colspan="4">○보통 ○양호 ○불량 ○헛배 ○구역질</td><td colspan="2">소화기관 질병여부</td><td></td></tr>
<tr><td>1일 흡연량</td><td colspan="4">○금연 ○보통 ○많음</td><td>음주여부</td><td colspan="2"></td></tr>
<tr><td>땀</td><td colspan="2">○적음 ○보통 ○많음</td><td>땀의 종류</td><td colspan="4">○식은 땀 ○다한증 ○일반적인 땀(기타:)</td></tr>
<tr><td>스트레스 상태</td><td colspan="7"></td></tr>
<tr><td>건강상태</td><td colspan="7">○당뇨병 ○갑상선질환 ○간염 ○암 ○폐경(갱년기) ○생리 ○수술여부(기타:)</td></tr>
<tr><td>사용중인 샴푸</td><td colspan="2"></td><td colspan="2">샴푸 횟수 및 시간대</td><td colspan="3">( )회 / ( )일 ○아침 ○저녁</td></tr>
<tr><td>브러쉬 종류</td><td colspan="2">○돈모 ○플라스틱 ○나무</td><td>브러싱 횟수</td><td>( )회</td><td>스타일링 제품</td><td colspan="2"></td></tr>
<tr><td>기타생활습관</td><td colspan="7"></td></tr>
<tr><td rowspan="6">두피 및
모발상태</td><td colspan="2">두피 및 모발상태</td><td colspan="5">○염증 ○홍반 ○가려움 ○비듬 ○약취 ○기타( )</td></tr>
<tr><td colspan="2">모발상태</td><td colspan="5">○건조 ○갈라짐 ○탄력 없음 ○끊어짐 ○웨이브 ○염색</td></tr>
<tr><td colspan="2">가족력</td><td colspan="5">유 / 무 ○구체적으로( )</td></tr>
<tr><td colspan="2">탈모시작시기</td><td colspan="2"></td><td>탈모유형</td><td colspan="2">형</td></tr>
<tr><td colspan="2">탈모관리 경험 여부</td><td>유 / 무</td><td>관리 형태</td><td colspan="3">○두피관리 ○약물 ○가발 ○수술
○주사 ○기타( )</td></tr>
<tr><td colspan="2">1일 샴푸시 탈모량</td><td>본</td><td>관리 후 결과</td><td colspan="3">○만족 ○보통 ○불만족
○기타( )</td></tr>
<tr><td>두피,
모발관련
고객의
기타내용</td><td colspan="7"></td></tr>
<tr><td>상담자의
의견</td><td colspan="7"></td></tr>
</table>

수행 내용 두피 · 모발 상태 분석하기

수행재료 및 기기

재료	기기
· 고객 진단 카드 · 두피·모발 관련 서적 · 꼬리 빗	· 두피 진단기 · 확대경, 현미경 · pH 측정기

안전 · 유의사항

- 진단기 렌즈를 떨어뜨리지 않도록 주의하여 사용하도록 한다.
- 고객이 모니터를 잘 볼 수 있도록 한다.
- 사용 전에 두피에 닿는 렌즈나 빗, 핀셋 등을 알코올 소독한다.

수행 순서

1 시진, 촉진, 문진으로 두피를 진단한다.

1. 시진

눈으로 두피와 모발을 관찰하는 방법이다. 이때 확대경을 사용하여 두피와 모발의 상태를 확인하고 손상부위 등을 관찰할 수 있다. 시진은 고객에게 가장 문제가 되는 부위를 보여주어 고객에 대한 과학적 진단을 하는데 있어 용이한 측정방법이다.

2. 촉진

촉진은 손으로 직접 만져보고 관찰하는 방법이다. 이를 통해 각질 상태, 피지량, 경도, 모량, 두피의 탄력 정도 등을 알 수 있다. 탈모가 진행되는 모발을 소량 샘플링하여 고객 상담 차트에 첨부하고 사후 관리 시 참고자료로 활용한다.

3. 문진

고객과의 면담 및 질문을 통해 고객 상담 차트에 기록하는 방법이다. 상담 차트는 제품선정 시, 고객의 사후 관리 시, 홈 케어 방법을 알려주는 조언을 할 때 활용한다(샴푸 습관, 수면, 식습관 등을 문진한다)

이때 상담은 프라이버시가 보장되는 독립된 공간에서 편안하게 할 수 있도록 하며 고객상담카드에 체크항목 및 메모를 하며 상담한다.

고객 상담 시 체크 내용
· 결혼, 나이, 성별, 직업, 출산 유·무, 키, 체중변화 · 식습관, 다이어트 여부, 음주 흡연 여부 등 영양관련 · 수면상태 · 과거 병력 여부, 신체적 특이 사항 등 · 브러시 · 두피 문제점 · 유전성, 탈모시작시기 · 스트레스 · 샴푸, 트리트먼트 횟수 · 스타일링제, 화학적 시술 · 모발의 문제점, 모발손질 · 두피관리 경험

기타 사항
· 땀 분비량: 두피 청결도 파악 · 연령: 노화 정도 및 관리 효과의 유·무 · 피부염 여부: 아토피, 백선, 건선 피부염에 의한 두피 문제 및 탈모 유·무 · 모발 굵기: 사춘기시절 모발의 굵기를 통한 모발의 굵기 변화도 파악 · 드라이 여부: 모발 손상도 파악 · 헤어 시술: 모발 손상도 및 두피 손상도 유추 · 체온: 혈액순환 상태 유추 및 체질 유추, 두상, 온도 파악 · 생활습관: 모자 착용, 발모벽 여부, 린스 사용, 사우나 출입여부 등

2 두피·모발 진단기를 사용한다.

두피·모발 진단기를 이용하여 두피 색상, 땀과 피지의 분비량, 모공의 이상 여부, 각질 및 비듬, 모발의 손상 정도, 굵기, 모발 밀집도 등을 파악한다. 진단기를 이용하여 고객의 문제점을 찾아내어 원인을 파악하는 단계로 상담과 진단을 통해 고객에게 두피상태를 확인하고 정확한 진단을 통해 진단결과를 설명한다. 특히 성상별 특징을 알고 판독능력을 길러야 하며 매번 고객내방 시 촬영한 두피 사진을 저장해 놓음으로써 점점 개선되어지는 과정을 비교 분석해 줄 수 있도록 한다.

1. 진단기를 사용하기 전에 고객의 샴푸 시간을 체크한다.
2. 일반적으로 두피 진단은 150배율, 모발 큐티클을 보기 위한 진단은 400배율의 렌즈를 준비한다.
3. 고객의 모발을 꼬리 빗으로 두피가 잘 보이도록 섹션을 나누어 잡는다.
4. 왼손의 집게손가락과 가운데 손가락을 V 형태로 하고 그 위에 진단기의 렌즈를 수직으로 올려 놓는다.
5. 전두부 → 두정부 → 좌·우 측두부 → 후두부의 순서로 진단한다.
6. 촬영한 부분을 정상 부분과 비교하여 두피 상태 및 관리 방법을 설명한다.

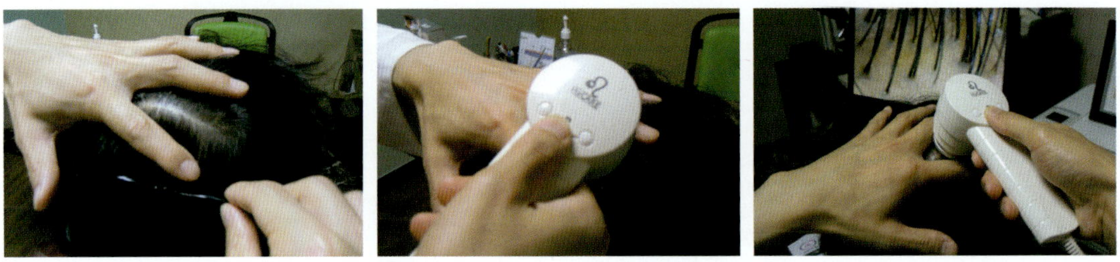

그림 1-21 ❙ 두피·모발 진단기 사용 방법

두피 진단기를 이용한 측정사항	
· 모발의 밀집도	· 두피의 문제성
· 모발의 굵기	· 두피의 피지 분비량 및 땀의 분비량
· 모발의 상태	· 모공상태 및 각질 상태
· 두피의 홍반정도	

두피 진단결과의 프로그램 설정

· 두피진단 프로그램 설정은 고객의 두피 타입에 따른 진단결과의 프로그램을 결정하는 과정으로 관리사와 고객과의 의사소통을 하는 과정이다.

· 이 과정은 두피 특성에 맞는 제품과 관리기기, 마사지 프로그램을 결정하기 위한 중요한 단계이다.

상담	→	두피진단	→	1차 헤어스티머	→	스켈링제 도포
2차 헤어스티머	→	두피세정	→	타월드라이/ 냉풍건조	→	적외선조사
두피영양공급	→	두피·모발 재체크	→	홈케어 추천	→	마무리

수행 tip

- 두상의 위치를 정확하게 기록하고 매번 같은 위치를 진단한다.
- 진단기에 확대된 고객의 두피 상태를 과장해서 표현하지 않는다.
- 렌즈가 두피를 압박하지 않도록 주의하여 사용한다.

3 두피를 분석한다.

1. 두피의 색상을 체크한다.

1) 정상 두피

두피의 색상은 맑은 청백색이나 우윳빛의 연한 살구색이며 가르마 주변은 자외선에 의해서 두피 색이 다른 부위보다 어둡다.

2) 민감성 두피

모세 혈관이 드러나 붉게 나타난다. 혈액 순환이 잘 안된 두피 색상은 얼룩얼룩하며 두피 톤이 어둡게 나타난다.

3) 건성 두피

두피가 건조하며 각질이 쌓여 있어 두피의 색상이 탁하다.

2. 한 모공에 있는 모발의 개수를 파악한다.

한 모공에 2~3가닥의 모발이 두상 전체에서 50% 이상을 차지하고 있어야 정상이다.

3. 가는 모발의 비율을 체크한다.

모발의 굵기는 평균 0.15mm 정도이다. 탈모가 진행되기 시작할 때 가는 모발의 비율이 증가하기 시작한다.

4. 각질의 양을 관찰한다.

(1) 정상 두피

정상적인 두피는 세포 각화 주기가 28일로 진행되어 노화 각질이나 피지 산화물이 거의 없는 상태로 모공 주변이 깨끗하며 모공이 열려 있는 상태이다.

(2) 건성 두피

건성 두피는 각질이 들떠 있으며 두피가 갈라져 있다.

(3) 비듬성 두피

각질의 양이 더 많은 상태로 건성 비듬은 고운 입자의 각질이 어깨 위로 떨어질 정도로 많으며, 지성 비듬의 각질은 누런 입자가 끈적거리면서 두피나 모발에 엉겨 붙어 있는 상태이다.

5. 피지 분비량을 체크한다.

지성 두피는 샴푸 후 2시간, 건성 두피는 6시간이 지나면 피지가 두피를 감싼다. 샴푸 직후에는 진단기로 확인하기 어려우므로 샴푸 시간을 확인하고 문진을 겸해서 진단한다.

6. 가려움증, 염증이 있는지 확인한다.

건성 두피는 건조하므로 두피가 가렵고, 비듬성·지루성 두피는 비듬균으로 인해 가려움을 느낄 수 있다. 가려움이 심하고 피지 분비량이 많으며 염증이 심한 경우는 지루성 두피이다.

7. 두피의 pH를 측정한다.

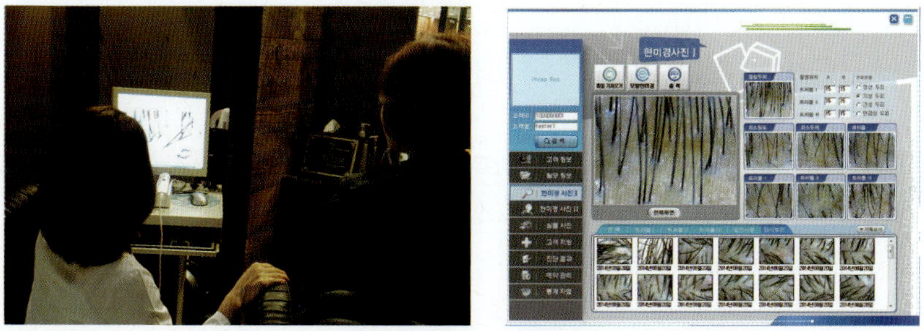

그림 1-22 ㅣ 두피·분석

4 모발을 분석한다.

1. 모발의 색상을 체크한다.

손상이 심할수록 염색 모발일 경우 색상의 퇴색이 심하다.

2. 모표피의 손상을 체크한다.

파마, 염색, 탈색 등 화학적 시술을 많이 한 모발의 경우 모표피가 들떠 있어 백콤이 잘되며, 샴푸 후 모발이 잘 엉켜서 빗질이 되지 않는다.

3. 인장 강도를 체크한다.

손상 모발일수록 모발을 잡아당겼을 때 쉽게 끊어지는 것을 알 수 있다. 젖은 모발의 경우 손상 모발이 건강 모발보다 더 쉽게 늘어나며 탄력이 약하다.

4. 수분 흡수율을 체크한다.

분무기로 물을 뿌려 흡수가 빠르면 다공성 모발, 물이 굴러 떨어지면 발수성 모발이다.

수행 tip

- 두피·모발 유형에 대한 특징을 완전하게 숙지한다.
- 여러 가닥의 모발을 비교하여 확인해 본다.
- 분석한 사항에 대해 큰 소리나 반말 등을 하지 않고 쉬운 용어로 설명한다.

5 두피·모발 유형에 따라 관리 방법을 선택한다.

시진, 문진, 촉진, 검진의 방법으로 진단하고 분석한 결과를 바탕으로 두피·모발 유형별로 관리 프로그램을 선택한다.

1. 정상 두피 관리

일반적 관리 방법	정상 두피 관리 프로그램

일반적 관리 방법

- 건강한 두피 상태를 유지하기 위해서 규칙적인 두피 스켈링을 시행하고 유분과 수분을 공급해준다.
- 공해나 대기오염 물질, 스타일링제품을 제거하여 모공을 깨끗하게 하고 취침하는 것이 두피의 건강을 유지하는데 도움이 되므로 아침보다는 저녁에 샴푸하도록 한다.
- 샴푸 시 컨디셔너제를 사용할 경우 가급적 두피에 묻지 않도록 하며 모발을 충분히 헹구고 미지근한 바람으로 두피와 모발을 완전히 말린 후 취침하도록 한다.
- 모발의 건강을 유지하기 위해서 주 1회 정도 트리트먼트를 시행하여 샴푸 후 젖은 모발에 헤어에센스나 헤어로션을 사용하여 모발의 유·수분을 공급해 준다

정상 두피 관리 프로그램

상담
↓
두피진단(시진, 촉진, 문진, 검진)
↓
브러싱 및 마사지
↓
스케일링제 도포
↓
헤어스티머(5~10분 정도)
↓
두피 세정(정상두피용)
↓
타월 드라이 / 두피 건조
↓
두피 영양 공급(앰플) – 영양효과
↓
적외선 조사
↓
마무리

2. 건성두피 관리

일반적 관리 방법	건성 두피 관리 프로그램
• 두꺼워진 각질을 제거하여 막힌 모공을 열어준다. • 혈행 촉진에 중점을 두고 관리하며 청결한 두피에 충분한 영양을 공급한다. • 단백질과 수분을 공급해 각질세포들을 진정시켜주고 유지막을 형성하여 외부 자극으로부터 방어할 수 있는 능력을 회복시킨다. • 건성두피용 샴푸를 사용하고 드라이어 사용시 고온으로 말리지 않는다. • 두피 건조현상을 막아주는 두피 스켈링과 모공의 혈행 촉진을 도와주는 두피 마사지로 영양 및 유·수분 밸런스를 맞추어 준다. • 강한 샴푸, 유분이 많은 헤어제품, 강한 알코올 성분을 함유한 헤어로션 등은 피한다 • 두피가 민감해지지 않도록 샴푸 후에 두피용 토닉을 사용하여 두피를 진정시킨다.	상담 ↓ 두피진단(시진, 촉진, 문진, 검진) ↓ 브러싱 및 마사지 ↓ 스케일링제 도포 ↓ 헤어스티머(5~10분 정도) ↓ 두피 세정(건성 두피용) ↓ 타월 드라이 / 두피 건조 ↓ 두피 영양 공급(앰플) - 영양효과 ↓ 적외선 조사 ↓ 마무리

3. 지성 두피 관리

일반적 관리 방법

- 여름에는 샴푸를 하루에 두 번 해도 무방하며 적어도 하루에 한 번은 샴푸하여 두피를 청결하게 한다.
- 염증이 있는 경우 소염·진정작용을 우선적으로 한다.
- 두피의 세정과 피지조절 위주의 관리를 하며 지나친 두피 자극을 피한다.
- 자극성 음식, 흡연, 스트레스, 불면증 등은 피지샘을 자극하고 피지분비를 촉진하여 탈모가 악화되는 원인이 되므로 유의한다.
- 염증이 있을 경우 치료 후 관리에 들어간다.
- 모공이 막혀 있어 두피의 호흡작용 이상이 생겨 모발이 가늘어 지고 탈모가 일어날 수 있으므로 피지 응고물을 제거하여 모공을 열어 준다.
- 피지막의 산성기를 되찾아 두피에 대한 보호기능을 회복시킨다.
- 두피 자체가 신진대사를 원활히 하도록 하여 세균에 대한 저항력을 키운다.
- 두피마사지를 통해 두피의 혈류를 증가시킬 수 있도록 한다.

지성 두피 관리실 프로그램

상담(피지제거)
↓
두피진단(시진, 촉진, 문진, 검진)
↓
브러싱 및 마사지(강한 지압 피함)
↓
스케일링제 도포
↓
헤어 스티머
↓
두피 세정(지성 두피용)
↓
냉 드라이 / 두피 건조
↓
두피 영양 공급(앰플) - 피지조절
↓
적외선 조사
↓
마무리

4. 민감성 두피 관리

일반적 관리 방법

- 물리적·화학적 자극을 피하여 가급적 두피의 자극을 줄여준다.
- 두피를 민감하게 하는 스트레스를 풀어준다.
- 어깨나, 손, 등의 뭉친 근육을 풀어주어 혈액순환이 원활하게 되도록 해 준다
- 반복적인 펌이나 염색과 같은 화학적인 시술을 자제한다.
- 민감성 샴푸를 사용하여 두피를 안정시켜 준다.
- 건성·지성, 비듬, 탈모두피 등 어느 두피에서도 민감성이 나타날 수 있으므로 이때는 두피 민감의 원인을 개선해 주는 관리를 먼저 시행해 준다
- 민감성 두피는 개선이 빠르고 쉽게 되지 않으므로 오랫동안 꾸준하게 관리해야 한다.

민감성 두피 관리실 프로그램

상담(피지제거)

↓

두피진단(시진, 촉진, 문진, 검진)

↓

브러싱 및 마사지

↓

1차 헤어 스티머(5분 내외)

↓

스케일링제 도포(자극 금물)

↓

자연 방치

↓

두피 세정(두피 타입용)

↓

냉 드라이 / 두피 건조

↓

두피 영양 공급(앰플) - 영양공급

↓

적외선 및 광선요법

↓

두피 이완 마사지

↓

마무리

5. 비듬성 두피 관리

일반적 관리 방법

1) 건성비듬

- 건성비듬은 피지가 부족하여 생기는 경우이므로 과도한 샴푸는 피하고 주 2~3회 정도 하도록 한다.
- 두피에 수분과 영양을 공급해 주는 것이 중요하므로 지용성 비타민이 함유된 오일이나 크림을 도포하여 두피 마사지를 자주 해준다
- 두피를 청결하게 해주고 비듬 전용 샴푸제를 사용 시 3분 정도 방치 후 헹구어낸다. 살균, 소독력이 있는 약용샴푸를 사용할 경우 증상이 호전됨에 따라 횟수를 줄여준다.
- 잦은 펌이나 염색 등의 화학적 시술을 자제하고 헤어제품의 사용 시 유부분이 적절한 제품을 사용한다.
- 피지조절과 감염에 유의한다.

2) 지성 비듬

- 지성비듬은 과도한 피지가 원인이므로 피지조절과 세균에 감염되지 않도록 비듬균의 증식억제를 위해 두피에 살균 소독을 해 주는 것이 효과적이다.
- 수분과 유분의 적절한 공급이 필요하므로 두피에 영양을 공급하고 혈액순환 촉진을 위해 마사지를 병행한다.
- 샴푸 및 모발 관리 시 pH가 높은 알칼리 제품이나 강한 알코올 성분을 함유한 제품 사용은 피한다.
- 주 2회 정도 두피 스켈링 시술을 받는다

비듬성 두피 관리실 프로그램

상담
↓
두피진단(시진, 촉진, 문진, 검진)
↓
브러싱 및 마사지
(부드럽고 약하게
염증 및 타입 구분
↓
1차 헤어 스티머(10~15분 내외)
↓
스케일링제 도포
(염증 및 농 발견시 주의-세균전이)
↓
2차 헤어 스티머 및 자연방치
↓
두피 세정(항균비듬두피타입)
↓
냉 드라이 / 두피 건조
↓
두피 영양 공급(앰플) - 영양공급
↓
적외선 및 광선요법
↓
마무리

6 선택한 관리 프로그램을 고객에게 설명한다.

그림 1-23 I 관리 프로그램 설명

선택한 관리 프로그램의 내용, 시간, 순서, 기간, 가격 등 설명

수행 tip

- 고객이 이해하기 쉽게 자세하게 설명한다.

요점정리

1. 두피생리

1) **표피 :** 피부 중 가장 바깥 쪽을 싸고 있으며 각질형성세포, 색소형성세포, 촉각인지세포, 랑게르한스세포 등이 있으며 투명층을 제외한 기저층, 유극층, 과립층, 각질층으로 구성되어 있다.

2) **진피 :** 표피층 두께의 20~40배 정도 두꺼운 층으로 피부의 90% 이상을 차지한다. 표피아래에 위치하여 탄력에 관여 하며 유두층과 망상층으로 구성되어 있다.

3) **피하조직 :** 체중의 14% 정도를 차지하는 지방 조직이다. 외부 충격으로부터 내부 장기의 완충 역할을 하고 결합조직, 정맥과 동맥, 림프관, 지방세포, 모유두 등으로 구성되어 있다.

4) **두피의 기능 :** 물리적 자극과 외부 침입으로부터 두피를 보호하는 보호기능, 도포된 제품을 각질층이나 피부부속기관을 경로로 하여 흡수하는 흡수 기능, 1% 정도 피부로 호흡하는 호흡기능, 피지와 땀을 통한 분비 배설의 기능, 땀 분비와 혈류량 조절 등으로 체온을 조절하는 기능, 촉각, 압각, 통각, 온각, 냉각을 받아들이는 감각 수용 기능, 자외선을 통한 비타민 D 합성 기능이 있다.

2. 두피유형

1) **정상두피:** 두피 관리의 기준이 되는 유형으로 한 모공에 2~3가닥의 모발이 전체 두피의 50% 이상 있으며 모공이 열려 있고 두피색은 연한 청색이나 맑은 살구색을 띤 다.

2) **건성두피:** 두피에 유·수분이 부족하여 건조한 상태로 각질이 들떠 있으며 두피가 갈라져 있는 상태로, 두피 스케일링과 두피 마사지를 시행하고 건성 두피용 샴푸 사용 후 찬바람으로 말려 주며 두피용 토닉으로 유·수분 공급 및 두피를 진정시킨다.

3) 지성두피: 과다한 피지 분비로 인해 과산화 지질이 생성되어 두피 표면이 투명감이 없고 둔탁한 상태이다. 두피 스케일링을 하여 피지 응고물을 제거하고 여름에는 샴푸를 하루에 두 번 해도 무방하며, 매일 샴푸하여 두피를 청결하게 한다. 지성 두피용 샴푸 및 토닉으로 두피의 pH를 조절하여 약산성 상태를 유지시켜 준다.

4) 민감성 두피 : 두피가 얇아서 모세 혈관이 전체적 또는 부분적으로 드러나 보이는 상태로 두피를 민감하게 하는 스트레스를 줄이고 두피에 물리적·화학적 자극을 주지않도록 한다. 어깨, 목 등에 뭉친 근육을 풀어 주고 잠을 푹 자도록 한다. 민감성 샴푸를 사용하여 두피를 진정시켜 주도록 한다.

5) 지루성 두피: 과다한 피지 분비 및 피지 산화, 각질의 생성 촉진으로 비듬균이 과다 증식하고 염증이 많은 상태이다. 약용 샴푸나 비듬 샴푸로 아침저녁으로 샴푸 하도록 하며, 피지 조절을 위해 비타민 B_2, B_6 등이 풍부한 식품을 섭취하도록 한다. 스트레스를 풀어 주고, 화학적 시술을 가급적 피하도록 한다.

6) 복합성 두피: 두피는 지성이며 모발은 파마, 염색, 드라이 등으로 인한 손상에 의해 건성인 상태이다. 두피 유형에 맞는 샴푸를 사용하며 모발에는 영양을 주는 트리트먼트를 하도록 한다.

7) 비듬성 두피 : 각질 세포의 이상 증식으로 인한 비듬균의 증가로 가려움이 동반되는 상태로 건성 비듬과 지성 비듬이 있다.

8) 탈모 두피 : 성장기 모발이 줄어들고 휴지기 모발의 비율이 증가하여 1일 100개 이상의 모발이 빠지는 두피이다. 뭉친 근육을 풀어 주며 적절한 두피 스케일링과 샴푸를 시행하고 단백질, 비타민, 무기질의 영양소를 충분하게 섭취하며, 지나치게 자극적인 음식, 즉석식품, 음주, 흡연 등을 자제하도록 한다.

단원종합문제

01 다음 중 건성두피의 특징이 아닌 것은?

① 피지선과 한선의 기능이 저하된 상태이다
② 유·수분 부족으로 두피 표면이 건조하다
③ 상처가 나기 쉽다
④ 모공이 열려있다

02 다음 중 지성두피의 원인이 아닌 것은?

① 피지 분비의 과다
② 자극적인 음식 섭취
③ 유전
④ 탈모

03 다음 중 탈모두피의 원인이 아닌 것은?

① 비누로 샴푸
② 유전
③ 스트레스
④ 물리적 자극

04 <보기>에서 설명하는 모발상태로 알맞은 것은?

〈보기〉 모표피의 스케일이 두꺼워 수분이나 모발 제품을 흡수하지 않는 모발

① 손상모
② 취모
③ 발수성모
④ 강모

05 두피·모발 상태를 분석하기 위한 재료와 기기가 아닌 것은?

① 고객 진단 카드
② 스티머
③ 두피진단기
④ 현미경

마무리 학습

두피·모발 진단기를 이용하여 고객의 두피 문제점을 찾아보자

두피·모발 진단기 사용 방법(6단계)

두피 진단기를 통해 발견한 고객의 두피 문제점

주의해야 할 사항은 무엇이 있을까

평가

평가준거

- 평가자는 학습자가 수행 준거 및 평가 항목에 제시되어 있는 내용을 성공적으로 수행하였는지를 평가해야 한다.
- 평가자는 다음 사항을 평가해야 한다.

<table>
<tr><th rowspan="2">학습내용</th><th rowspan="2">평가항목</th><th colspan="3">성취수준</th></tr>
<tr><th>상</th><th>중</th><th>하</th></tr>
<tr><td>두피·모발 상태 진단 준비</td><td>- 두피·모발 상태 진단에 필요한 기기와 도구를 준비할 수 있다.</td><td></td><td></td><td></td></tr>
<tr><td>두피·모발 상태 분석</td><td>- 문진, 시진, 촉진 및 기기를 사용하여 고객의 두피·모발 상태를 분석할 수 있다.</td><td></td><td></td><td></td></tr>
<tr><td rowspan="2">두피·모발 관리</td><td>- 두피 유형과 모발 상태에 따라 관리 방법을 선택할 수 있다.</td><td></td><td></td><td></td></tr>
<tr><td>- 두피·모발 분석내용을 고객 차트에 기록할 수 있다.</td><td></td><td></td><td></td></tr>
</table>

평가방법

- 서술형 시험

<table>
<tr><th rowspan="2">학습내용</th><th rowspan="2">평가항목</th><th colspan="3">성취수준</th></tr>
<tr><th>상</th><th>중</th><th>하</th></tr>
<tr><td>두피·모발 상태 진단 준비</td><td>- 두피·모발 상태 진단에 필요한 기기와 도구를 선정할 수 있는 지식</td><td></td><td></td><td></td></tr>
<tr><td>두피·모발 상태 분석</td><td>- 문진, 시진, 촉진 및 기기를 사용하여 고객의 두피·모발 상태를 분석할 수 있는 지식</td><td></td><td></td><td></td></tr>
<tr><td rowspan="2">두피·모발 관리</td><td>- 두피 유형과 모발 상태에 따른 관리 방법에 대한 지식</td><td></td><td></td><td></td></tr>
<tr><td>- 두피·모발 분석내용을 고객 차트에 기록하는 지식</td><td></td><td></td><td></td></tr>
</table>

평가자 체크리스트

학습내용	평가항목	성취수준		
		상	중	하
두피·모발 상태 진단 준비	- 두피·모발 상태 진단에 필요한 기기와 도구를 준비할 수 있는 능력			
두피·모발 상태 분석	- 문진, 시진, 촉진 및 기기를 사용하여 고객의 두피·모발 상태를 분석할 수 있는 능력			
두피·모발 관리	- 두피 유형과 모발 상태에 따라 관리 방법을 선택할 수 있는 능력			
	- 두피·모발 분석내용을 고객 차트에 기록할 수 있는 능력			

피드백

1. 서술형 시험

- 두피 관리를 위한 학습 내용에 대해 서술형으로 질문하여 평가한 후 부족한 부분은 재시험을 보도록 한다.

2. 평가자 체크리스트

- 두피 관리 전 과정을 시행하게 한 후 평가하고, 미흡한 부분에 대해서는 향상 학습을 통해 재평가를 받을 수 있도록 한다.

학습내용 구분		평가항목	평가수준				
			매우미흡	미흡	보통	우수	매우우수
			①	②	③	④	⑤
사전준비	두피·모발 상태 진단 준비	- 두피·모발 상태 진단에 필요한 기기와 도구를 준비할 수 있는 능력					
이해정도	두피·모발 상태 분석	- 문진, 시진, 촉진 및 기기를 사용하여 고객의 두피·모발 상태를 분석할 수 있는 능력					
수행능력	두피·모발 관리	- 두피 유형과 모발 상태에 따라 관리 방법을 선택할 수 있는 능력					
수행결과		- 두피·모발 분석내용을 고객 차트에 기록할 수 있는 능력					

읽을거리

두피 자가 진단 테스트(다음 문항에 체크하기)

1. 오후가 되면 앞머리가 갈라진다.
2. 두피가 가렵다.
3. 두피가 단단하다.
4. 두피가 붉다.
5. 손가락 끝으로 두피를 문질렀을 때 피지가 묻어나온다.
6. 정수리에서 냄새가 난다.
7. 두피가 아프다.
8. 두피에 붉은 반점이 있다.
9. 모발이 가늘다.
10. 두피에 염증이 있다.

진단결과

◆ 1-2개의 문항일 경우는 지성두피

두피에 피지가 많이 쌓여있는 상태. 두피의 청결을 유지하고 조절할 수 있는 샴푸를 사용하는 것만으로도 두피의 건강을 되찾을 수 있다.

◆ 3~5개의 문항일 경우는 두피의 밸런스가 깨진 상태

매일매일 샴푸를 하고, 모발용 샴푸보다는 딥클렌징 기능이 있는 샴푸를 사용하여 피지와 노폐물을 제거해주면 좋다. 오일제거용 파우더, 드라이 샴푸 등을 활용하는 것도 좋은 방법

◆ 6~10개의 문항일 경우는 지루성 두피

두피가 극도로 자극을 받아 피지분비량이 많고 트러블이 발생되는 상태. 가려움증이 생기며 심한 경우 탈모에까지 이를 수 있다. 피지응고를 제거하여 모공을 열어주어야 한다.

낱말풀이

〈가로열쇠〉

1. 각 기관계를 연결하여 하나의 유기체로서 신체 활동의 조절과 조정을 담당
2. 독일의 의사 · 해부학자. 시리아 · 팔레스티나에 여행하여 문둥병을 연구
3. 세포의 케라틴 형성을 돕는 표피 층. 피부에 불투과성을 제공한다.
4. 피부를 튼튼하게 해주고 모양을 유지해주며 유연성을 준다.
5. 심장에서 피를 신체 각 부분에 보내는 혈관. 일반적으로 혈관의 벽이 두꺼우며 탄력성과 수축성이 많다.
6. 진피와 구별하고 진피와 그 밑에 있는 뼈나 근육 사이의 비교적 섬유가 성긴 소성결합조직부분
7. 생체가 세포막 따위를 통하여 외부의 물질을 안으로 끌어들이는 일

〈세로열쇠〉

8. 피부의 맨 위층. 각질로 되어 있으며, 피부를 보호하는 역할을 한다.
9. 정맥혈을 심장으로 보내는 순환 계통의 하나. 피의 역류를 막는 역할을 하며, 살갗 겉으로 퍼렇게 드러난다.
10. 진피에 있는 섬유 중 비교적 적은 부분을 차지하며 피부의 탄력을 결정짓는 중요한 요소이다.
11. 표피층 두께의 20~40배 정도 두꺼운 층으로 피부의 90%이상 차지한다.
12. 두피의 기능 중 하나로 인체의 99%는 폐호흡을 하지만 1%는 피부로 ○○하는 것

2-1 두피 유형별 샴푸

학습목표

• 두피 유형에 따른 샴푸제를 선정하여 시술할 수 있다.

필요 지식

1 샴푸의 정의 및 목적

1. 샴푸의 정의

샴푸의 사전적 의미는 '머리를 감는 데 쓰는 액' 또는 '머리를 감는 일'로 정의되고 있으나 최근에는 탈모예방, 비듬제거, 가려움증 완화 등의 두피관리를 의미하기도 한다.

2. 샴푸의 목적

두피는 피지, 땀, 묵은 각질과 매연, 두발 제품 등으로 인해 생리기능이 약화되어 모발의 정상적인 성장 발육을 저해하여 탈모의 원인이 될 수 있다. 두피유형에 맞는 샴푸제를 사용하여 두피에 묻어있는 각종 노폐물과 연화된 각질을 제거함으로써 비듬이나 가려움을 완화하고 두피가 청결하게 된다. 또한 두피 마사지 기법으로 적당한 자극을 주어 두피의 생리기능을 원활하게 할 수 있도록 한다. 두피 유형에 따라 스캘프 펀치(워터 펀치) 등의 기기를 사용하면 세정 및 마사지 효과를 높일 수 있다.

2 샴푸제의 종류 및 성분

1. 샴푸제의 종류

샴푸제의 종류에는 건성 두피용, 지성 두피용, 민감성 두피용, 비듬성 두피용, 탈모 두피용 등이 있다. 고객의 두피 유형에 맞는 샴푸제를 사용하는 것이 효과적이다.

샴푸제 종류	특성
건성두피용	건조하고 푸석거리며 윤기 없는 모발에 유분과 수분 공급
지성두피용	과다한 피지분비 조절, 두피와 모발에 흡착되어있는 노폐물 제거
민감성두피용	두피가 얇고 혈액순환이 원활하지 않는 두피의 진정 및 이완효과
비듬성두피용	비듬원인 제거 및 비듬균 성장 억제효과, 두피청결을 위한 각질제거
탈모두피용	두피청결, 영양공급, 모발성장 촉진, 저자극성

2. 샴푸제의 성분

샴푸제의 기본 성분은 계면활성제가 중심이 되고 첨가제로서 컨디셔닝제, 증포제, 증점제가 있으며 그 밖에 첨가물이 있다.

1) 계면 활성제

샴푸제는 기포형성과 세정작용이 우수한 음이온 계면활성제를 주로 사용한다.

계면활성제 종류	특성
음이온성 계면활성제	기포형성과 세정작용이 우수하여 샴푸, 비누, 클렌징 폼 등에 사용된다.
양이온성 계면활성제	살균, 소독작용을 하며 정전기 방지효과가 높아 헤어린스, 헤어트리트먼트 등에 사용된다.
양성 계면활성제	세정력이 좋고 피부 자극이 적으며 대전방지효과가 높아 유아용 샴푸, 저자극성 샴푸 등에 사용된다.
비이온 계면활성제	피부자극이 적어 화장수의 가용화제, 크림의 유화제 등에 사용된다.

2) 첨가제

(1) 컨디셔닝제

세정 시 두피로부터 분비되는 피지성분을 과도하게 제거할 수 있는 것을 방지한다. 또한 모발을 부드럽게 하여 빗질이 용이하게 하며 윤기 있게 해주기 위해 사용한다.

(2) 증포제

기포력을 높이고 거품 유지 및 안전성을 상승시키는 물질로서 알카놀아미드와 아민 옥사이드가 대표적으로 사용되며 소량으로 효과를 나타낸다.

(3) 증점제

샴푸제의 점도를 높여 편리하게 사용하기 위함이다. 증점제로는 아카시아 검, 트라가칸스 검, 메틸 셀룰로오스, 카르복시메틸 셀룰로오스, 카보풀 등이 사용된다.

(4) 그 밖의 첨가물

방부제, 살균제, pH 조절제, 금속이온봉쇄제, 퇴색 및 변색차단제, 자극 억제제, L.P.P(Low size Polypeptide), P.P.T(Polypeptide Protein Treatment), 세라마이드(Ceramide) 등이 있다. 목적에 따라 자외선 흡수제, 항 비듬제, 항산화제, 향료, 색소 등을 사용한다.

3 두피마사지 기법 및 샴푸 시 주의 사항

1. 두피마사지 기법

1) 경찰법

손바닥이나 손가락의 끝 부분을 이용하여 가볍게 쓰다듬거나 문지르는 동작으로 근육이완에 효과가 있다. 마사지의 시작이나 마무리 단계에서 사용한다.

2) 강찰법

손바닥이나 손가락 끝 부분을 이용하여 피부를 강하게 문지르는 동작으로 신진대사를 촉진시켜 피부의 노폐물을 제거하는 효과가 있다.

3) 유연법

손바닥이나 손가락의 약지와 엄지를 이용하여 피부를 마찰하는 동작으로 근육을 집었다 놓았다 주물러서 근육을 풀어준다.

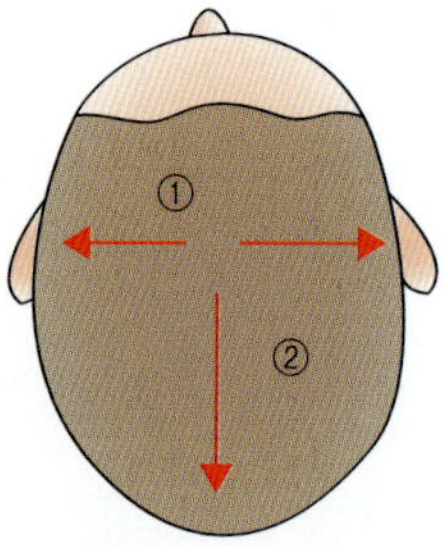

그림 2-1 ı 경찰법

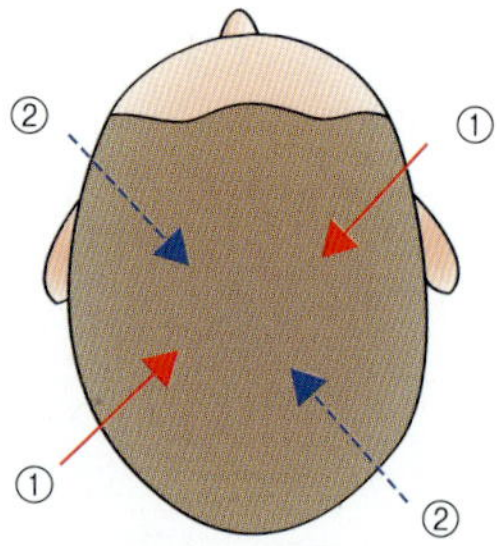

그림 2-2 ı 강찰법

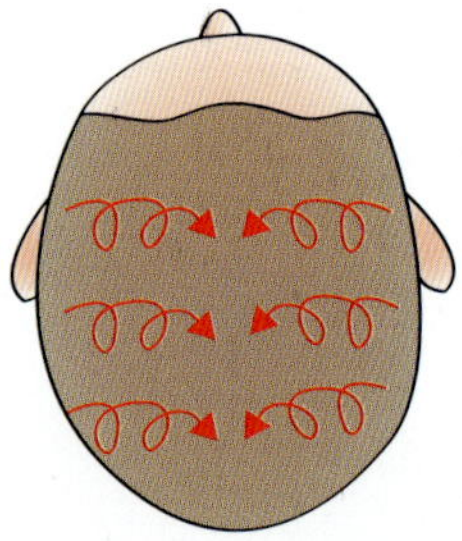

그림 2-3 ı 유연법

4) 진동법

손바닥이나 손가락 끝으로 지긋이 누르면서 강하게 흔들어 주는 동작으로 피부와 하부조직에 진동을 전달하여 근육의 밸런스를 조설하며 진통(鎭通)효과가 있다.

5) 고타법

손바닥, 손가락을 이용하여 두들기는 동작으로 수축된 근육을 이완시키는 효과가 있다.

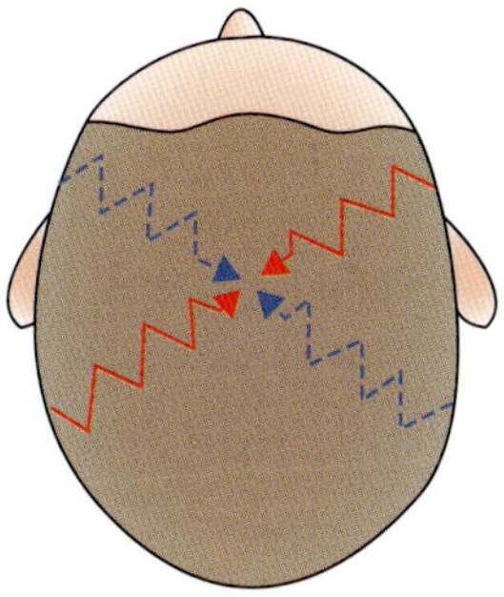

그림 2-4 I 진동법

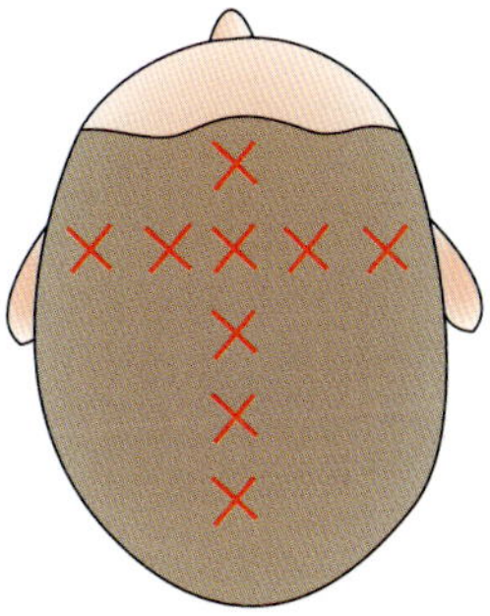

그림 2-5 I 고타법

(1) 태핑(tapping)

손가락의 끝마디 바닥으로 가볍게 두드린다.

(2) 슬래핑(slapping)

손바닥으로 두드린다.

(3) 커핑(cupping)

손바닥을 컵 모양으로 만들어 두드린다.

(4) 해킹(hacking)

손바닥을 편 채 소지의 측면으로 가볍게 두드린다.

(6) 비킹(beating)

주먹을 살짝 쥔 상태에서 손의 측면으로 가볍게 두드린다.

6) 지그재그법

손가락을 이용하여 두상을 따라 지그재그로 움직이며 연결하는 동작이다.

7) 나선형법

손가락을 이용하여 두상을 따라 둥글게 비벼서 연결하는 동작이다.

8) 양손 교차법

손가락을 이용하여 두상을 따라 교차하며 비벼주는 동작이다.

9) 튕기기법

손가락을 이용하여 두상을 따라 두피에서 튕겨주는 동작이다.

2. 샴푸 시 주의사항

1) 시술자의 손톱 길이는 길지 않아야 한다.
2) 시술 시 반지, 팔찌, 긴 목걸이 등을 착용하지 않는다.
3) 고객이 귀걸이를 착용하였을 경우 양해를 구하고 빼도록 한다.
4) 물 온도가 적정한지 체크한다.(시술자 손목)
5) 머리카락 전체에 물이 스며들도록 한 후 샴푸를 한다.
6) 고객의 의복 및 얼굴에 물이 튀지 않도록 한다.
7) 고객의 귀 안쪽으로 물이 들어가지 않도록 한다.
8) 샴푸제는 적정량을 사용하되 2회 도포한다.
9) 손가락의 지문부분을 이용하여 시술한다.
10) 샴푸 후 세정제의 잔여물이 남지 않도록 깨끗하게 헹궈준다.

4 샴푸 방법

고객의 요구에 따라 와식 또는 좌식으로 시술하여야 한다.

1. 와식 샴푸

일반적으로 가장 많이 시술하는 방법으로 고객이 샴푸대에 편안하게 누운 상태에서 샴푸를 한다. 샴푸 액 도포 및 마사지 기법은 주로 2회 정도를 반복하여 시술한다.

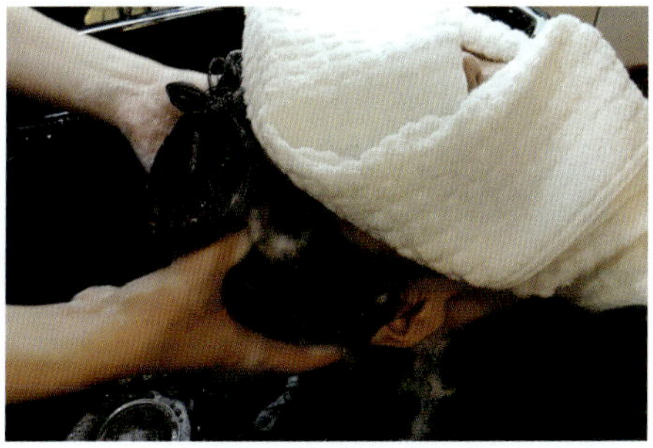

그림 2-6 ı 와식 샴푸

2. 좌식 샴푸

고객이 요구할 시 미용의자에 앉아서 하는 방법이다. 특히 얼굴에 물이나 샴푸 액이 흐르지 않도록 주의하여야 한다.

그림 2-7 ı 좌식 샴푸

수행 내용 1 두피 샴푸하기 - 와식

수행재료 및 기기

재료	기기
· 두피 유형별 샴푸제 · 샴푸 마스크 · 타월 · 브러시 · 고객가운 또는 샴푸 보	· 샴푸대 · 헤드 스파기 (스캘프 펀치 또는 워터 펀치)

안전 · 유의사항

- 고객의 옷이 젖지 않도록 주의 한다.
- 고객의 얼굴에 물이 튀지 않도록 주의 한다.

수행 순서 및 방법

1 샴푸제 선정

고객의 두피 유형에 맞는 샴푸제를 준비한다.

수행 tip

- 샴푸의 시작과 끝을 고객에게 알려 준다.
- 다음 동작으로 이어질 때 고객에게 무엇을 할 것인지 알려준다.

2 가운 또는 샴푸보 착용

가운 또는 샴푸 보를 착용시킨다.

3 샴푸대 앉히기

고객을 샴푸대에 앉힌 후 어깨에 타월로 감싸준다.

4 브러싱

샴푸 시 모발이 엉키지 않도록 모발 전체를 브러싱 한다.

수행 tip

- 페이스 라인에서 톱까지 브러싱한 뒤 후두부에서 톱까지 브러싱한다.

5 의자에 눕히기

고객의 목덜미를 한 손으로 받치고 다른 한손으로는 이마 윗부분을 받쳐서 샴푸대에 눕힌다.

수행 tip

- 목 또는 자리가 불편하지 않는지 물어본다.

6 타월(샴푸 마스크)로 얼굴 덮기

1. 고객의 심적 안정감 및 얼굴에 물이 튀는 것을 방지하기 위해 타월 또는 샴푸 마스크로 덮어준다.
2. 스커트를 입은 고객은 무릎 위에 타월로 덮어준다.

7 물 온도 확인

시술자의 손목 안쪽에 샤워기의 물을 흐르게 하여 온도를 확인한다(38~40℃ 적당).

8 모발 및 두피적시기

1. 물 온도가 적당한지 고객의 두피에 3초정도 샤워기를 댄 후 물어 본다.
2. 두피와 모발 전체에 물이 충분히 스며들도록 적신다.

수행 tip

- 시술자의 귀로 물이 들어가지 않도록 한다.
- 두피까지 물이 닿도록 샤워기를 두피에 안착시킨다.

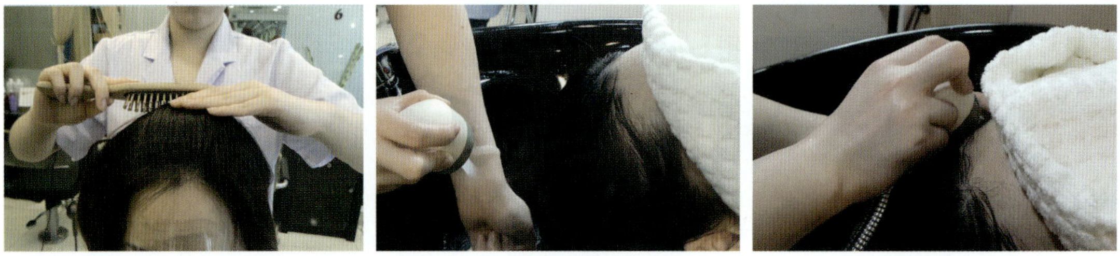

브러싱 물 온도 확인 모발 적시기

그림 2-8 I 브러싱, 물 온도 확인, 모발 적시기

9 샴푸제 도포 및 거품 생성

1. 샴푸제를 적당량 덜은 후 손바닥에서 거품을 만들어 두피에 도포한다.
2. 모발길이 및 모질, 샴푸 시기 등에 따라 샴푸 양을 조절하고 물을 분무하면서 거품이 충분히 일어나도록 한다.

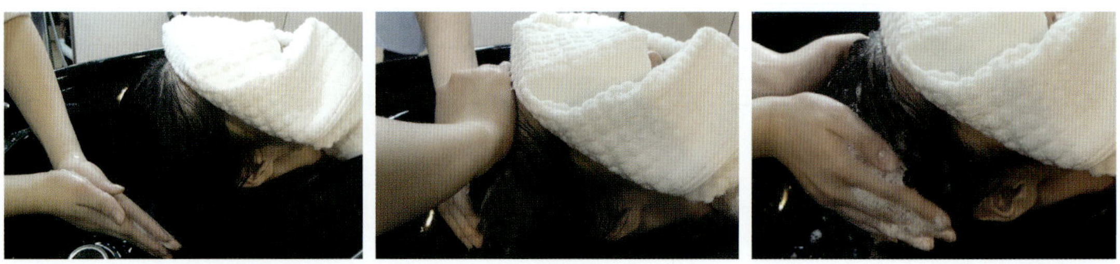

손바닥에서 거품내기 도포하기 도포하기

그림 2-9 I 샴푸제 도포

10 매뉴얼 테크닉

1. 두피샴푸는 두피의 세정이 목적이므로 두상 전체에 손가락의 지문을 이용하여 꼼꼼하게 샴푸 한다.
2. 그림 2-11와 같이 지그재그, 굴려주기, 튕겨주기, 양손교차하기 등의 두피 마사지 기법을 적용하되 시술자의 손이 두피에서 떨어지지 않도록 연결한다.
3. 매뉴얼 테크닉 동작의 속도를 적절하게 조절하여 2회 정도 반복한다.
4. 매뉴얼 테크닉이 더 필요한지 물어보고 시행한다.
5. 그림 2-10, 2-12와 같이 압점을 눌러준다.(신정, 두유, 백회, 천주, 풍지, 아문 등) 민감성 두피의 경우에는 두피에 자극이 갈 수 있으므로 강한 압은 피해야 한다.

수행 tip

- 시술자의 귀로 물이 들어가지 않도록 한다.
- 두피까지 물이 닿도록 샤워기를 두피에 안착시킨다.

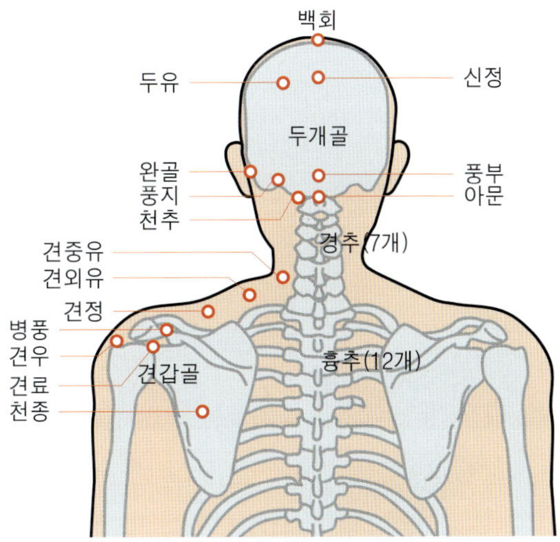

그림 2-10 ㅣ 경혈의 위치

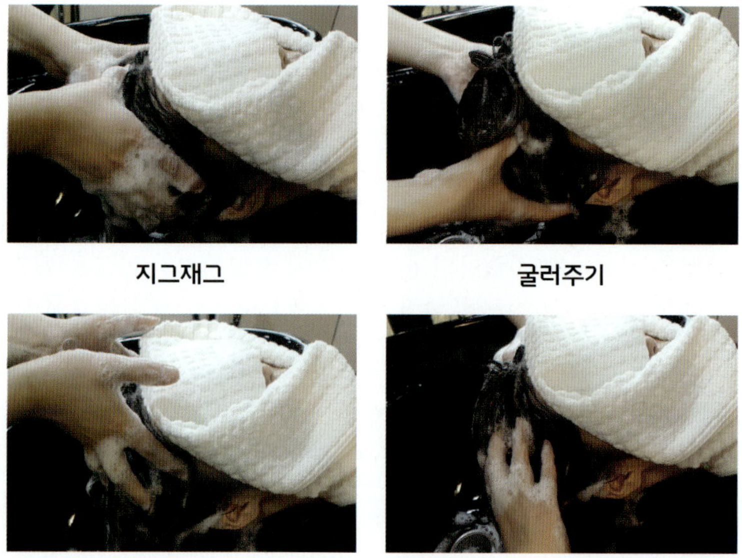

지그재그 굴러주기

튕겨주기 양손교차하기

그림 2-11 ׀ 매뉴얼 테크닉

수행 tip

- 고객의 머리가 흔들리지 않도록 한다.

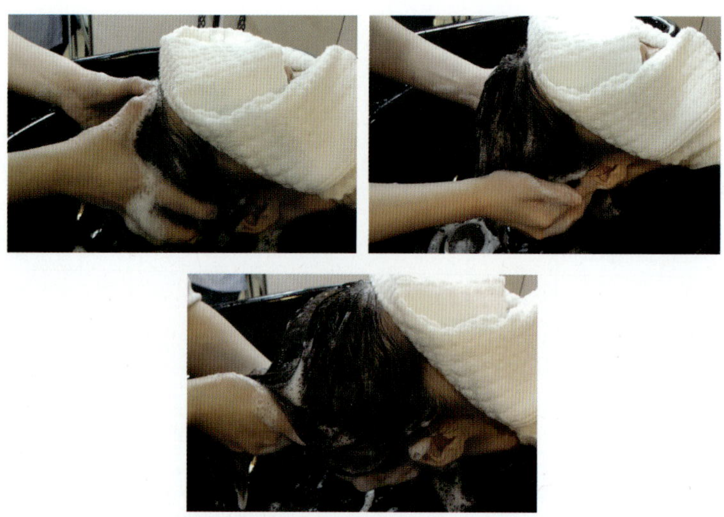

그림 2-12 ׀ 압점 누르기

11 헹구기

1. 물의 온도를 확인한 후 손가락의 지문을 이용하여 페이스 라인부터 헹군다.
2. 귀로 물이 들어가지 않도록 손으로 귀를 가리고 두상의 뒤쪽으로 물을 빼준다.
3. 탑, 크라운 부분을 헹굴 때는 두피까지 헹궈질 수 있도록 한 손으로 물을 받아서 두상을 두드리듯 헹궈준다.
4. 네이프 부분은 고객의 머리를 살짝 들어서 헹궈주되 겁을 먹지말고 안정적으로 들어주어야 한다.
5. 목선은 깨끗한 손으로 여러 번 훑어준다.
6. 두피와 모발에 샴푸제가 남아있지 않도록 깨끗하게 헹군다.
7. 페이스라인, 목 뒤, 귀 부분도 깨끗하게 헹구어졌는지 확인한다.
8. 고객에게 좀 더 헹굴 부분이 있는지 물어본다.

수행 tip

- 헹굼이 시작됨을 알려준다.
- 물의 온도가 적당한지 물어본다.

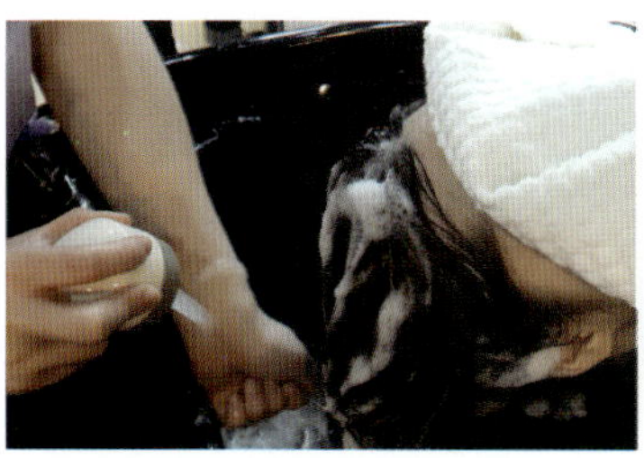

물 온도 확인

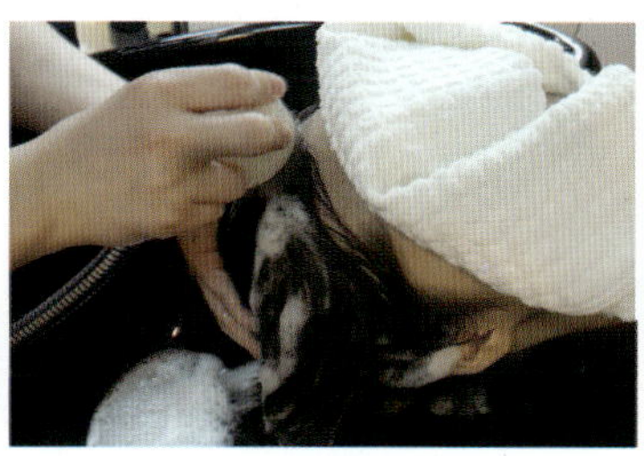

페이스 라인 헹구기

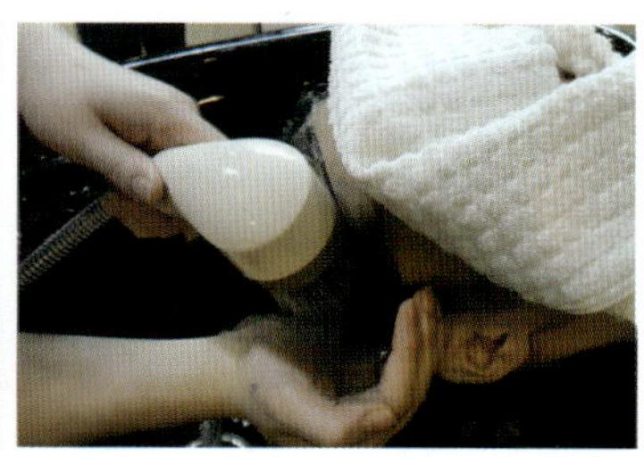

사이드 헹구기

두정부 헹구기

네이프 헹구기

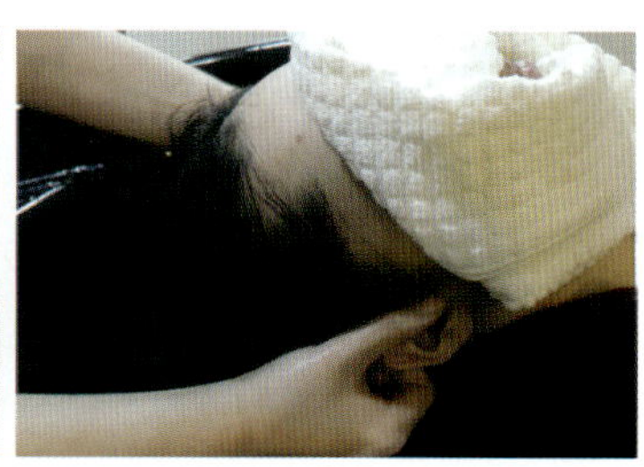

양쪽 귀 헹구기

그림 2-13 ❙ 헹구기

수행 tip

- 얼굴에 물이 튀지 않도록 한다.
- 고객의 옷이 젖지 않도록 한다.

12 스캘프(워터) 펀치 사용하기

헹구는 과정에서 5분 정도 사용하는 것이 적당하며 민감성 두피에는 사용하지 않는 것이 좋다.

그림 2-14 ı 스캘프 펀치 사용하기

수행 tip

- 경우에 따라 기기 사용을 생략할 수 있다.

13 마무리

1. 모발을 아래로 모아 물기를 제거한다.
2. 타월로 페이스 라인, 귀 주변의 물기를 닦아준다.
3. 얼굴을 가린 타월 또는 샴푸마스크를 제거한다.
4. 타월 드라이를 한 후 양손으로 목뒤를 받치면서 고개를 들어준다.
5. 목 뒤를 수건으로 감싸 잡고 가볍게 3~4회 주물러 준다.
6. 모발을 감싸준다.

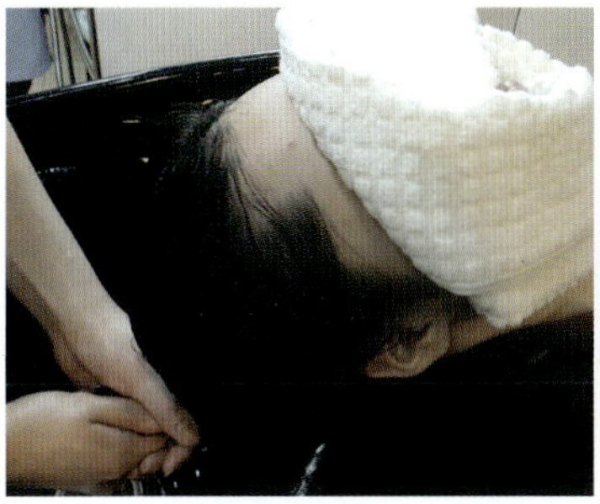

물기제거

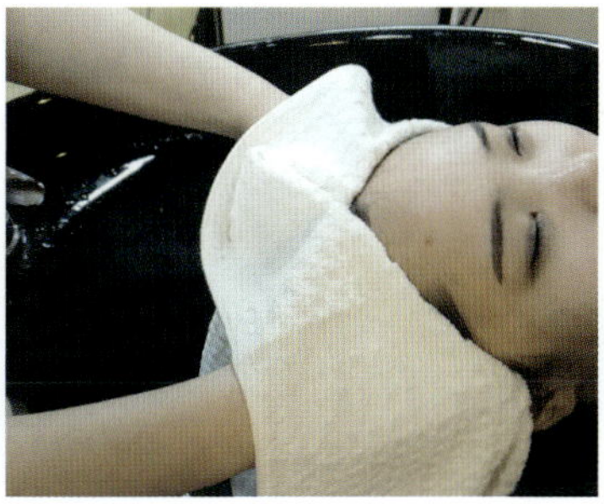

페이스라인, 귀 주변 물기 닦기

모발 감싸기

그림 2-15 ❙ 마무리

수행 내용 2 두피 샴푸하기 – 좌식

재료 · 자료

재료	기기
· 두피 유형별 샴푸제 · 고객가운 또는 샴푸 보 · 어플리케이터(공병) · 두피브러시 · 페이스 커버 · 샴푸 마스크 · 분무기 · 물 · 쿠션 · 타월	· 샴푸대 · 헤드 스파기 (스캘프 펀치 또는 워터 펀치) · 미용 의자

안전 · 유의사항

- 고객의 옷이 젖지 않도록 주의한다.
- 고객의 얼굴에 물이 튀지 않도록 주의 한다.

수행 순서 및 방법

1 샴푸제 선정

1. 고객의 두피 유형에 맞는 샴푸제 선정 후 어플리케이터에 물과 샴푸를 적절한 비율로 혼합한다.
2. 모발길이 및 모질, 샴푸 시기 등에 따라 물과 샴푸의 비율을 조절한다.

2 가운 또는 샴푸 보 착용

가운 또는 샴푸 보를 착용시키고 의자에 앉힌다.

3 타월 착용

어깨를 타월로 감싸준 후 쿠션을 무릎에 받쳐주면 심적으로 편안함을 느낄 수 있다.

4 페이스 커버 부착

얼굴에 물이 튀는 것을 방지하기 위해 페이스 커버를 붙인다.

5 브러싱

샴푸 시 모발이 엉키지 않도록 모발전체를 브러싱 한다.

수행 tip

- 페이스 라인에서 톱까지 브러싱한 뒤 후두부에서 톱까지 브러싱한다.

6 모발 및 두피 적시기

분무기를 사용하여 모발 및 두피에 물을 촉촉하게 적셔 준다.

수행 tip

- 물의 온도는 미온수가 적당하다.
- 물이 얼굴 및 목으로 흐르지 않도록 주의한다.

7 샴푸제 도포

1. 두부를 4등분으로 나눈 후 등분된 두부에 샴푸제를 도포한다.
2. 모발길이 및 모질에 따라 샴푸 양을 조절한다.

수행 tip

- 두피 자극을 피하기 위해 샴푸제를 두피에 직접 도포하지 않고 반드시 물과 희석하여 분무한다.

8 거품 생성

1. 분무기로 물을 재도포한 후 충분한 거품이 나도록 손가락 지문으로 원을 그리며 문지른다.
2. 거품이 나지 않을 시 물을 더 분무한다.

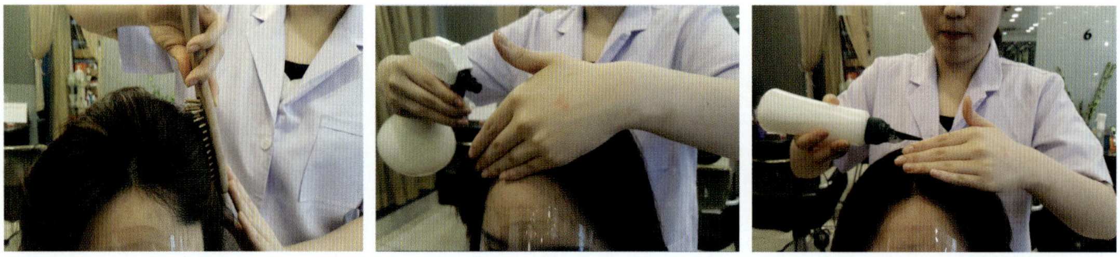

브러싱 분무 샴푸제 도포 후 거품내기

그림 2-16 ı 브러싱, 분무, 샴푸제 도포 후 거품내기

수행 tip

· 얼굴로 샴푸 액이 흐르지 않도록 주의한다.

9 매뉴얼 테크닉

1. 모발을 뒤쪽으로 향하도록 정리한다.
2. 프런트 부분을 시작으로 양 사이드, 네이프 부분에 지그재그, 굴려주기, 튕겨주기, 양손교차하기 등의 두피 마사지 기법을 적용하되 시술자의 손이 두피에서 떨어지지 않도록 연결한다.
3. 매뉴얼 테크닉 동작의 속도를 적절하게 조절하여 2회 정도 반복한다.
4. 매뉴얼 테크닉이 더 필요한지 물어보고 시행한다.
5. 두상 전체에 손가락을 굴리면서 네이프까지 골고루 압점을 눌러 준다(신정, 두유, 백회, 천주, 풍지, 아문 등)
6. 고객의 요구 및 두피유형에 따라 두피브러시를 이용하여 마사지 및 지압을 한다. 그림 [2-19]은 생략할 수 있다.

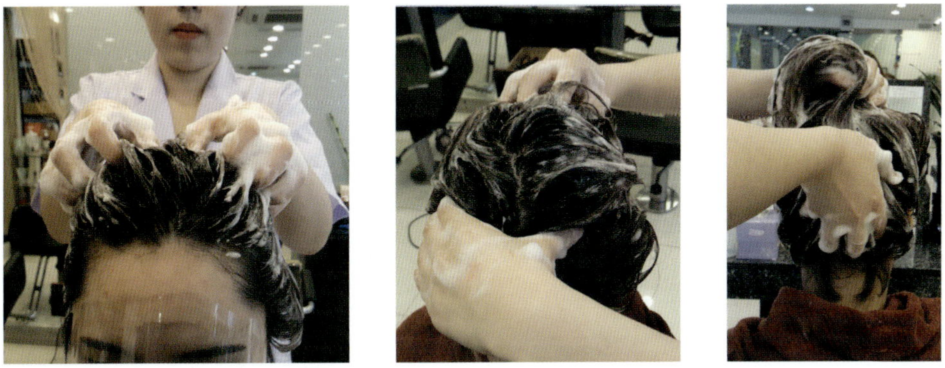

그림 2-17 ı 매뉴얼 테크닉

수행 tip

- 두피 유형에 따라 매뉴얼 테크닉의 압을 조절한다.
- 매뉴얼 테크닉 시 거품이 얼굴에 튀지 않도록 조심한다.

그림 2-18 ı 지압

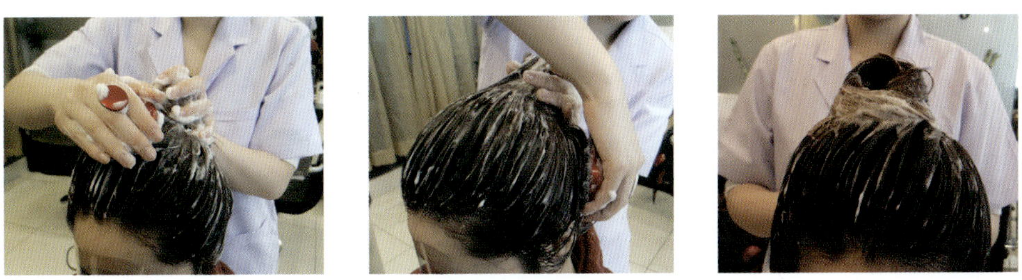

그림 2-19 ı 스캘프(워터) 펀치를 이용한 마사지

10 헹구기

샴푸대로 이동하여 헹구어 준다.

요점정리

01 샴푸의 의미는 '머리를 감는 데 쓰는 액' 또는 '머리를 감는 일'로 탈모예방, 비듬제거, 가려움증 완화 등의 두피관리를 의미한다.

02 샴푸의 목적은 두피유형에 맞는 샴푸제사용으로 두피에 있는 각종 노폐물과 각질을 제거하여 비듬이나 가려움을 완화하고 두피를 청결하게 하며 두피 마사지로 두피의 생리기능을 원활하게 하도록 한다.

03 음이온성 계면활성제는 기포형성과 세정작용이 우수하여 샴푸, 비누, 클렌징 폼 등에 사용된다.

04 양이온성 계면활성제는 살균, 소독작용을 하며 정전기 방지효과가 높아 헤어 린스, 헤어트리트먼트 등에 사용된다.

05 양성 계면활성제는 세정력이 좋고 피부 자극이 적으며 대전방지효과가 높아 유아용 샴푸, 저자극성 샴푸 등에 사용된다.

06 비이온 계면활성제는 피부자극이 적어 화장수의 가용화제, 크림의 유화제 등에 사용된다.

07 두피마사지 기법은 경찰법, 강찰법, 유연법, 진동법, 고타법, 지그재그법, 나선형법, 양손 교차법, 튕기기법으로 진행된다.

08 고타법은 태핑, 슬래핑, 커핑, 해킹, 비킹이 있다.

09 샴푸 방법은 샴푸대에 누운 상태에서 시술하는 와식 샴푸와 미용의자에 앉아서 시술하는 좌식샴푸가 있다.

10 샴푸수행순서는 샴푸제선정, 가운 또는 샴푸 보 착용, 타월 착용, 페이스 커버 부착, 브러싱, 모발 및 두피 적시기, 샴푸제 도포, 거품생성, 매뉴얼 테크닉, 헹구기 순으로 한다.

단원종합문제

01 다음 보기의 내용 중 괄호 안에 들어갈 내용으로 알맞은 것은?

〈보기〉 샴푸의 사전적 의미는 '머리를 감는 데 쓰는 액' 또는 '머리를 감는 일'로 정의되고 있으나 최근에는 탈모예방,〈 〉, 가려움증 완화 등의 두피관리를 의미하기도 한다.

① 비듬제거 ② 윤기
③ 증모 ④ 화상

02 다음 중 두피마사지 기법이 아닌 것은?

① 경찰법 ② 진동법
③ 지그재그법 ④ 증점법

03 다음 중 고타법의 종류가 아닌 것은?

① 태핑 ② 비킹
③ 커핑 ④ 워킹

04 계면활성제의 종류 중 피부자극이 적어 화장수의 가용화제나 크림의 유화제 등으로 사용되는 것은?

① 양성 계면활성제 ② 음이온성 계면활성제
③ 비이온 계면활성제 ④ 양이온성 계면활성제

05 다음 중 두피샴푸하기의 순서가 아닌 것은?

① 샴푸제 선정 ② 물 온도 확인
③ 스티머 ④ 브러싱

마무리학습

샴푸 매뉴얼 테크닉을 순서대로 수행하고 설명해 보자

와식샴푸 매뉴얼 테크닉 순서와 방법

주의해야 할 사항은 무엇이 있을까

마무리학습

샴푸 매뉴얼 테크닉 순서와 방법을 설명해 보자

좌식샴푸 매뉴얼 테크닉 순서와 방법

주의해야 할 사항은 무엇이 있을까

활동과제

두피샴푸 실습을 해보자

<table>
<tr><th colspan="6">두피 샴푸 실습 계획서</th></tr>
<tr><td>학번</td><td></td><td>이름</td><td colspan="3"></td></tr>
<tr><td colspan="6">두피샴푸 과정</td></tr>
<tr><td colspan="6">와식샴푸와 좌식샴푸 중 모델에 적합한 샴푸를 선택하여 실습해 보세요</td></tr>
<tr><td>샴푸 시 주의점</td><td colspan="5"></td></tr>
<tr><td>샴푸법 선택의
이유와 종류</td><td colspan="5"></td></tr>
<tr><td colspan="6">피평가자 체크리스트</td></tr>
<tr><td>구분</td><td>평가 내용</td><td colspan="3">평가 결과</td></tr>
<tr><td rowspan="3">준비하기</td><td>두피 샴푸를 위한 준비물은 빠짐없이 준비하였다.</td><td>상</td><td>중</td><td>하</td></tr>
<tr><td>두피의 특징에 알맞은 샴푸제품을 준비하였다.</td><td>상</td><td>중</td><td>하</td></tr>
<tr><td>스티머 사용을 위한 준비를 하였다.</td><td>상</td><td>중</td><td>하</td></tr>
<tr><td rowspan="3">시술하기</td><td>스케일링 순서에 맞추어 실시하였다.</td><td>상</td><td>중</td><td>하</td></tr>
<tr><td>고객의 얼굴 또는 옷에 제품을 떨어뜨리지 않았다.</td><td>상</td><td>중</td><td>하</td></tr>
<tr><td>전부두는 크로스 체크하여 도포하였다.</td><td>상</td><td>중</td><td>하</td></tr>
<tr><td>마무리하기</td><td>스켈일링에 적합하게 스티머를 씌웠다.</td><td>상</td><td>중</td><td>하</td></tr>
</table>

평가

평가준거

- 평가자는 학습자가 수행 준거 및 평가 항목에 제시되어 있는 내용을 성공적으로 수행하였는지를 평가해야 한다.
- 평가자는 다음 사항을 평가해야 한다.

학습내용	평가항목	성취수준		
		상	중	하
두피 유형별 샴푸	- 두피 유형에 따른 샴푸제를 선정하여 시술할 수 있다.			
두피 스케일링	- 두피 유형에 따라 스케일링 제품을 선정하여 시술할 수 있다.			
두피 매뉴얼 테크닉	- 두피 스케일링 효과를 높이고 두피의 혈액 순환을 돕기 위해 두피 매뉴얼 테크닉을 할 수 있다.			
두피 영양 공급	- 영양 공급과 유·수분 균형 조절을 위해 팩과 앰플을 사용할 수 있다.			
	- 두피 관리에 필요한 기기와 기구를 선택하여 사용할 수 있다.			

평가방법

- 서술형 시험

학습내용	평가항목	성취수준		
		상	중	하
두피 유형별 샴푸	- 두피 유형에 따른 샴푸제 사용 지식			
두피 스케일링	- 두피 유형에 따른 스케일링 제품 사용 지식			
두피 매뉴얼 테크닉	- 두피 매뉴얼 테크닉의 효과 및 방법에 대한 지식			
두피 영양 공급	- 팩과 앰플 사용 지식			
	- 두피 관리에 필요한 기기와 기구 선택 및 사용 지식			

평가자 체크리스트

학습내용	평가항목	성취수준		
		상	중	하
두피 유형별 샴푸	- 두피 유형에 따른 샴푸제를 선정하여 시술할 수 있는 능력			
두피 스케일링	- 두피 유형에 따라 스케일링 제품을 선정하여 시술할 수 있는 능력			
두피 매뉴얼 테크닉	- 두피 스케일링 효과를 높이고 두피의 혈액 순환을 돕기 위해 두피 매뉴얼 테크닉을 할 수 있는 능력			
두피 영양 공급	- 영양 공급과 유·수분 균형 조절을 위해 팩과 앰플을 사용할 수 있는 능력			
	- 두피 관리에 필요한 기기와 기구를 선택하여 사용할 수 있는 능력			

피드백

1. 서술형 시험

- 두피 관리를 위한 학습 내용에 대해 서술형으로 질문하여 평가한 후 부족한 부분은 재시험을 보도록 한다.

2. 평가자 체크리스트

- 두피 관리 전 과정을 시행하게 한 후 평가하고, 미흡한 부분에 대해서는 향상 학습을 통해 재평가를 받을 수 있도록 한다.

학습내용 구분		평가항목	평가수준				
			매우미흡	미흡	보통	우수	매우우수
사전준비			①	②	③	④	⑤
이해정도	두피 유형별 샴푸	- 두피 유형에 따른 샴푸제를 선정하여 시술할 수 있는 능력					
	두피 스케일링	- 두피 유형에 따라 스케일링 제품을 선정하여 시술할 수 있는 능력					
수행능력	두피 매뉴얼 테크닉	- 두피 스케일링 효과를 높이고 두피의 혈액순환을 돕기 위해 두피 매뉴얼 테크닉을 할 수 있는 능력					
수행결과	두피 영양 공급	- 영양 공급과 유·수분 균형 조절을 위해 팩과 앰플을 사용할 수 있는 능력					
		- 두피 관리에 필요한 기기와 기구를 선택하여 사용할 수 있는 능력					

읽을거리 샴푸, 제대로 알고 하기

1. 두피 문지르기

샴푸는 '세정'을 의미한다. 두피와 모발에 붙어있는 오염물질을 씻어내고 비듬이나 가려움을 방지하여 두피와 모발을 청결하고 아름답게 유지시키기 위함이다.

충분히 거품을 내어 손가락 끝부분으로 두피를 마사지 하듯이 문질러 준 후 모발은 비비지 말고 손빨래하듯 쥐며 씻어준다. 마지막으로 두피의 거품이 완전히 제거될 때까지 헹궈주어 두피 트러블을 예방할 수 있다.

2. 린스는 두피에 닿지 않게

린스는 샴푸에 의해 팽창된 모발을 수축시켜 탄력성을 주고 모발 케라틴과 이온 결합하여 강하게 흡착함으로써 정전기 발생을 억제시켜준다. 린스의 성분은 대부분 모발을 유연하게 하기 위하여 유분 성분이 함유되어 있다. 이때 유분성분이 두피에 많이 남게 되면 모공을 막아 두피트러블이 발생하기도 하며 피지와 달라붙어 각질을 형성하기도 한다. 따라서 적당량만 모발 끝에 발라 완전히 헹구어 내야 한다.

3. 건조는 시원한 바람으로

샴푸 후 두피와 모발을 제대로 말리지 않으면 두피가 습해지면서 세균의 번식률이 높어져 두피건강에 좋지 않다. 이 때 두피와 모발은 열에 약하므로 가능하면 자연 건조 시키는 것이 좋지만 부득이한 경우 드라이어의 찬바람으로 건조시켜주어야 한다. 두피를 뜨거운 바람으로 건조하게 되면 두피의 수분이 증발하면서 각질이 일어날 수 있다. 모발 역시 단백질이 파괴되어 푸석해지므로 건조하기 전에 수분이 함유된 모발 제품 등을 꼼꼼히 발라준 후 건조시켜주는 것이 좋다.

낱말풀이

1 8						2		
		3						
								9
	4					5		
		6						
	7							

〈가로열쇠〉

1. 두피문제점의 원인중 대다수를 차지한다. OOOO를 받으면 코티솔의 분비로 영양공급이 저해되고 신진대사 기능저하를 초래한다.
2. 정상두피의 두피톤은 OOO이며 투명하고 연한 살색을 띤다.
3. 두피 및 모발의 손상 원인 중 외적인 요인에는 물리적요인, 화학적요인, OOOOO이 있다.
4. 두피의 OOOO는 정상두피의 경우 28일이다.
5. 두피 스케일링 시 O타입은 일반적인 각질과 피지를 제거할 때 사용된다.
6. 가늘고 힘이 없는 모발은 수분유지 단백질과 유분공급 OOOOO 시술을 해주며 화학적 시술은 삼간다.
7. 두피 및 모발 손상의 내적인 요인은 OOOOOO OO과 식생활 습관, 소화기관

이상, 스트레스로 인한 손상이다.

〈세로열쇠〉

8. 두피의 노폐물과 피지 및 각질을 깨끗하게 위생적으로 하고, 두피 케어를 하기 위해 두피의 모공을 열어 주는 단계를 두피 OOOO이라고 한다.
9. 두피 및 모발 손상의 내적인 요인으로 OOOO OO이 생기면 영양분이 세포내 흡수가 어려워져 몸의 기능이 저하되고 결과적으로 모발 성장을 둔화 시킨다.

2-2 두피 스케일링

학습목표

• 두피 유형에 따라 스케일링 제품을 선정하여 시술할 수 있다.

필요 지식

1 두피 스케일링의 정의 및 목적

1. 두피 스케일링의 정의

두피 스케일링은 치석 제거를 위한 치아 스케일링과 같은 개념으로 노화된 각질, 피지 분비물, 비듬 등 두피에 쌓여 있는 노폐물들을 제거해 줌으로써 건강한 두피와 모발 성장의 토대를 제공해 주는 시술의 일종이다.

2. 두피 스케일링의 목적

두피 세정을 위한 단계에서 각질 및 노폐물을 모공에서 제거하여 모공을 이완시켜 주며, 두피의 각화 주기를 정상화 시켜줌과 동시에 두피의 호흡과 원활한 혈액순환과 영양 공급의 효과를 높임으로써 두피 및 모발이 건강할 수 있는 환경을 조성해 주기 위해 스케일링을 실시한다.

2 두피 스케일링제의 종류

스케일링제품은 두피의 유형에 따라 적합한 제품을 선정하여 사용하는 것이 중요하다.

두피 스케일링제의 성상에 따른 특성

타입별 분류	특성
액상 타입	가벼운 각질 및 피지 제거 시 사용
젤 타입	대부분의 피지 및 각질 제거 시 사용
오일 타입	
크림 타입	증상이 심한 각질 및 피지 제거 시 사용

3 두피 스케일링 시 두피 및 제품 타입별 주의사항

두피 타입별 주의사항

타입별 분류	특성
지성두피	과도한 피지 분비가 원인이므로 피지제거에 중점을 두고 시술해야한다.
건성두피	유.수분 공급이 이루어 질 수 있도록 시술해야 한다.
민감성 두피용	두피의 진정이 목적이므로 각질 제거와 함께 유.수분 공급이 이루어 질 수 있도록 시술해야 한다.
비듬성 두피용	비듬은 곰팡이 균의 일종이 원인이므로 살균작용이 있는 제품을 선정해야 하며, 동시에 각질제거가 일어날 수 있도록 시술해야한다.

제품 타입별 주의사항

타입별 분류	특성
액상 타입	1회 사용 분량만큼 유리관에 담아 스틱을 사용하여 스케일링제를 도포한다.
젤 타입	튜브를 이용하여 직접 두피에 바른 후 손가락을 이용하여 두피 마사지를 실시한다.
오일 타입	
크림 타입	

4 건강한 두피 · 모발관리를 위한 영양소와 생활습관

1. 건강한 두피 · 모발을 위한 영양소

건강한 두피를 유지하기 위해서는 건강한 신체를 갖는 것부터 시작된다. 인간이 섭취하는 탄수화물, 단백질, 지방은 에너지를 공급하는 영양소이며 비타민과 무기질은 인체의 생장과 기능을 조절하는 역할을 한다. 우리가 섭취한 음식이 소화, 흡수, 대사, 배설 되는 과정을 통해 건강과 성장을 돕기 때문에 두피와 모발도 영양이 충분하게 공급되고 혈액순환과 노폐물의 배설이 정상적으로 이루어져야 건강한 상태를 유지할 수 있다.

단백질은 단단하고 탄력있는 근육을 구성하며 머리카락, 손톱, 발톱의 성장을 멈추지 않도록 하며 모발에 영향을 주는 아미노산으로 구성되어 있다. 지방은 남성호르몬인 테스토스테론의 농도를 높여 남성호르몬의 증가로 인해 피지선이 활성화 되어 탈모를 초래하기도 한다. 탄수화물은 당으로 이루어진 유기질 분자로 세포 내에서 에너지를 발생시키기 위한 세포호흡의 가장 중요한 기질로 이용된다. 그러나 과다 섭취 시 호르몬의 균형이 깨져 모발에 안 좋은 영향을 미친다. 비타민 A가 결핍되면 두피세포의 활동이 위축되어 피지 분비가 감소되므로 두피가 건조해지고 모공에 각질이 쌓여 탈모를 유발한다. 두피에 윤기가 없어져 건성두피로 발전할 수 있으며 과다섭취 시 모낭에 염증을 일으킨다. 비타민 E는 두피의 혈액순환을 촉진시켜 모근과 모구에 각종 영양분과 산소를 공급하여 탈모를 예방한다. 비타민 B2는 피지 분비를 조정하여 건강하고 윤기 있는 피부를 유지시켜 주고 결핍 시에는 피부가 건조하고 딱딱하게 되어 모공이 확대되고 모발이 쉽게 빠진다. 비타민 B6은 피지선을 조절하여 피부 염증을 방지 하는 기능을 하며 부족 시 피지 분비량이 많아져 지루성 탈모의 원인이 된다. 비타민 C는 피부에 탄력을 주며 모근과 모구를 강하게 하여 두피의 혈액 순환을 활발하게 하므로 탈모를 예방한다.

두피·모발에 이로운 음식

영향	음식
모발의 성장촉진과 두피의 각질	조개류, 육류, 생선류, 마늘, 양파, 고추 ,계란, 시금치, 과일, 당근, 호박, 토마토, 우유, 잡곡, 견과류
두피 혈액순환	야채류, 뿌리채소, 과일, 육류, 생선류, 조개류, 풋고추, 참치, 멸치, 꽁치, 고등어
두피의 미세혈관	잡곡, 녹황색 채소, 현미
모발의 건강	검은깨, 검은콩, 현미, 호두, 잡곡, 구기자, 다시마, 미역, 김, 녹차

두피·모발에 해로운 음식

영향	음식
모근활동저해	기름진 음식, 탄수화물이나 동물성 단백질의 과잉 섭취
호르몬 불균형	밀가루 음식
혈액순환장애	짠 음식, 나트륨, 매운 음식, 커피,
모발 빠짐	탄산음료, 빙과류

2. 건강한 두피 · 모발을 위한 생활습관

건강한 두피 · 모발을 유지하기 위해서는 기초대사량을 초과하지 않는 한도 내에서 충분한 영양소를 섭취해주며 꾸준한 운동으로 건강한 신체를 만들어 주어야 한다. 두피 · 모발 타입에 맞는 샴푸제의 선정과 사용법으로 두피 · 모발의 상태를 쾌적한 상태로 유지 시켜야 하며 꾸준한 관리로 세균이 증식할 수 있는 환경을 만들지 않도록 한다.

5 아로마 테라피

1. 아로마 테라피의 정의

아로마 테라피란 그리스어의 향기 혹은 달콤한 냄새를 뜻하는 '아로마(aroma)'와 치료하는 '테라피(therapy)'의 합성어이다. 향기분자를 함유하고 있는 식물의 꽃, 씨, 잎, 껍질, 뿌리, 열매에서 추출한 에센셜 오일을 이용하여 인체에 정신적, 심리적 건강을 유지하여 신체적 증상 및 질병을 치유하는 자연요법(natural therapy)이다.

2. 아로마 오일의 작용

1) 생리작용

아로마 오일이 인체 내 흡수되면 인체 각 기관과 조직에 작용함으로써 잠재된 생명력을 자극하고 촉진하며, 대사산물을 분해하여 인체에서 배설하기 좋은 형태로 변형시킨다. 이는 생리적으로 심신을 진정시키고 자극시키는 것으로써 부정적인 상태나 스트레스로부터 벗어나는 것을 도와주고 궁극적으로는 인체의 림프액 및 기타 노폐물 및 독소 등을 자연 배출하는 기능을 도와 신체적인 증상을 완화시키는 작용을 한다.

2) 심리작용

인체는 스트레스를 받게 되면 특정 호르몬이 분비되고 이러한 호르몬은 심박동이나 혈압과 같은 신체의 활동에 많은 변화를 일으킨다. 이때 아로마 오일은 후각을 통해 뇌의 자율신경계에 작용하여 심리적으로 안정감을 주고, 스트레스로 인한 두통, 위장장애, 호흡문제 등을 완화시키며, 집중력을 높이거나 청량함, 행복감 등을 부여하는 작용을 한다.

3) 항균작용

아로마 오일은 빠르게 확산되므로 상처나 벌레에 물렸을 때, 피부병, 화상 등에 소독효과가 높다. 아로마 오일의 특정 성분에는 방부효과, 항염증, 살균, 소독, 피부재생효과 등이 있으며, 피부와 모발 손상을 치료하고, 비듬, 탈모방지 작용을 한다.

4) 생체리듬조절작용

아로마 오일의 향기성분은 인체의 감정이나 정서에 좋은 감각을 부여할 뿐만 아니라 신체의 자율신경계, 호르몬계 및 면역계에 영향을 주어 항상성 유지기능을 돕는 작용을 한다. 아로마 마사지 및 흡입을 통한 아로마 오일의 흡수는 림프액이나 혈액의 흐름을 촉진시켜 면역기능을 활성화시키고, 몸속의 독소를 배출함으로써 인체의 균형을 유지시킨다.

5) 약리작용

약리작용으로서의 아로마 오일은 혈류로 들어가 호르몬이나 효소 등과 반응하여 화학적인 변화를 일으킨다. 아로마 오일은 해독과 혈액정화를 통해 신체를 정상적으로 유지시키는 기능을 도우며 간, 폐, 임파계, 신장, 소장, 대장 땀선과 같은 몸의 자연적인 해독기관을 자극하는 역할을 한다. 복잡하고 다양한 화학적 구성이나 분자로 된 혼합물질로 대게 마사지를 통한 피부의 흡수와 호흡기를 거쳐 폐를 통해 체내로 흡수되어 호르몬 분비를 촉진시키고 혈압을 정상화 시킨다.

3. 아로마 오일이 두피에 미치는 작용

- 림프계 순환을 촉진시켜 독성물질의 축적을 막아준다.
- 혈액순환을 도와 진피층, 모유두에 산소와 영양분의 원활한 공급으로 모발의 성장을 촉진한다.
- 모낭에 산소와 영양을 공급하여 세포분열을 활성화시킴으로 탈모를 예방하고 모발의 손상을 개선시킨다.
- 신진대사를 원활하게 하여 노폐물의 배출을 도와 두피를 청결하게 해준다.
- 에센셜 오일의 살균작용 및 인체호르몬 기능 조절작용 등을 통하여 건강한 두피 모발 형성을 돕는다.
- 두피에 필요한 영양분과 산소를 공급해주며 두피의 피로를 방지해준다.
- 탈모를 방지한다.
- 항박테리아 성질이 있어 두피의 염증을 방지한다.
- 비듬제거 및 비듬 생성을 방지한다.
- 두피를 청결하게하고, 두피의 각화작용을 정상화하도록 돕는다.
- 우울, 스트레스와 같은 정신적 문제를 해소시켜 마음을 안정시킨다.

수행 내용 두피 스케일링하기

수행재료 및 기기

재료	기기
· 두피 유형별 스케일링제 · 스케일링용 스틱 · 유리관 · 거치대 · 브러시 · 어깨보 · 고객 가운 · 타월	· 헤어 스티머 · 미용의자 · 웨건 · 관리기기

안전 · 유의사항

- 두피 유형에 따른 스케일링 제품을 선택해야 한다.
- 스케일링제가 고객의 얼굴로 흐르지 않도록 주의한다.

헤어 스티머 사용 시 유의 사항

헤어 스티머는 큐티클 층을 통과할 수 있는 물분자를 수증기로 변환시켜 큐티클층 내부로 침투시켜 모발 내부의 부족한 수분을 공급해 주는 역할과 함께 두피 각질을 연화시켜 주는 작용을 하므로 두피.모발 관리를 더욱 효율적으로 할 수 있도록 도움을 주는 기기이다.

또한 두피의 각질 연화 시 스티머의 온도는 변화 없이 일정한 온도를 유지해 주는 것이 좋으므로 헤어스티머의 기능을 잘 이해하고 있어야 한다.

수행 순서 및 방법

1 두피 스케일링제 선정하기

두피 상태별 특징을 고려하여 스케일링 제품을 선정한다.

2 두피 스케일링제 도포하기

1. 두피 스케일링제를 도포하기 전에 스케일링의 효과를 높이고 혈액순환 촉진을 위하여 모류의 반대 방향으로 부드럽게 브러싱 한다.

그림 2- 20 | 브러싱하기

2. 스케일링하기 쉽도록 두상을 4등분 또는 5등분으로 나눈다.

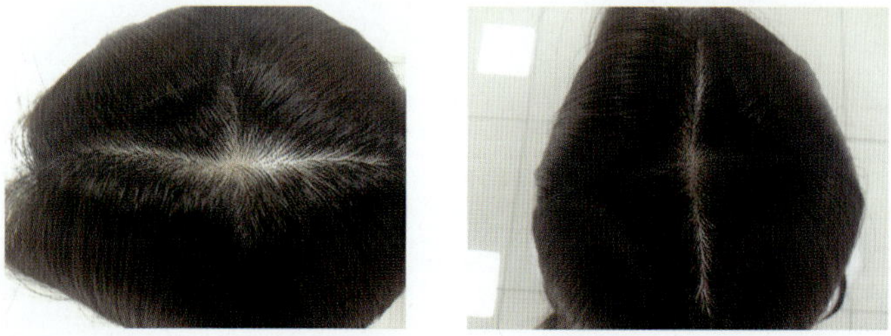

그림 2- 21 | 등분 나누기

3. 두피 스케일링제를 도포한다.
 1) 액상타입의 스케일링제일 경우 두피 유형에 맞추어 1회 사용 분량만큼 유리관에 담는다.
 2) 스틱을 유리관에 넣어 스케일링제를 흡수시킨다.
 3) 전두부의 센터라인에서부터 스케일링 면봉을 두피와 밀착시켜 앞에서 뒤로 밀어가며 스케일링제를 도포한다.
 4) 스캐일링제가 꼼꼼하게 도포될 수 있도록 1-1.5 cm간격으로 섹션을 나누어 가며 도포한다.
 5) 전두부 - 측두부 - 후두부 순서로 도포한다.
 6) 전두부 부분을 크로스(세로 섹션)해서 다시 한 번 도포한다.

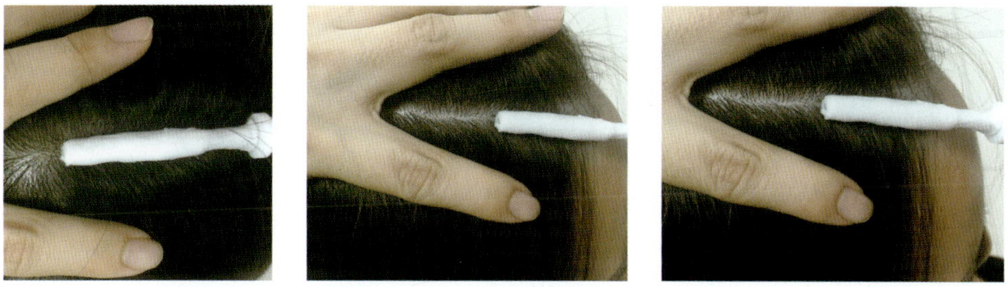

그림 2-22 ı 스케일링제 도포하기

4. 전체적으로 스케일링제 도포가 끝나면 헤어라인을 따라 한 번 더 도포한다.

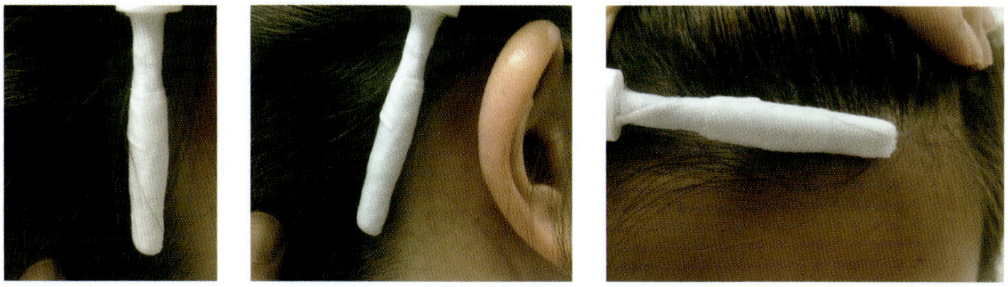

그림 2-23 ı 스케일링제 헤어라인 도포하기

두피관리 기기를 사용하여 스케일링 하기

최근에는 종합 두피 관리기기를 사용하는 경우가 더 많다.

이 종합 관리기기에 부착되어 있는 에어건 사용으로 액상 제품 사용이 보다 간편할 뿐 아니라 스케일링 시술 시간 단축과 두피 자극을 줄일 수 있다.

3 헤어 스티머를 씌우기

1. 스티머는 미리 작동 시켜 물을 미리 끓여 놓음으로써 시술 시간을 단축시킬 수 있다.
2. 고객의 얼굴로 스팀의 수증기가 흘러 내리지 않도록 헤어밴드를 착용시켜주기도 한다.
3. 온도, 시간을 조절하여 스티머를 작동시킨다. 두피 유형별 스티머의 작용 시간과 온도를 설정하여 작동시킨다.

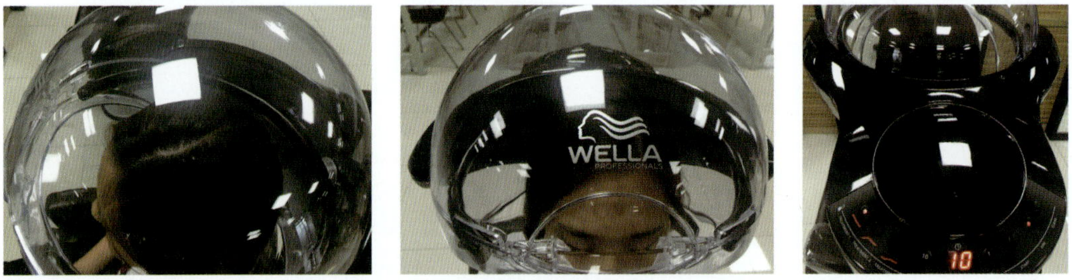

그림 2-24 ㅣ 헤어 스티머 씌우기

두피 스케일링용 스틱 만들기

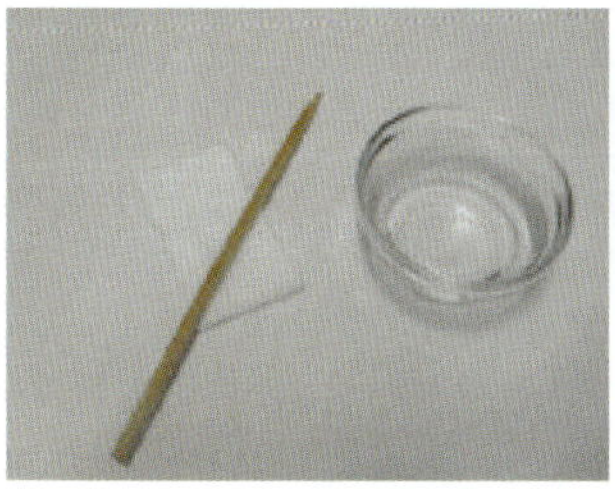  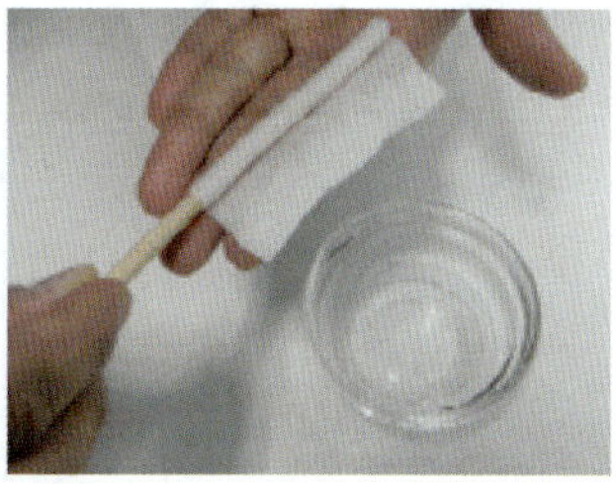

1. 스틱, 거즈, 물을 준비한다.
2. 화장솜을 세로로 길게 직사각형 모양으로 평편하게 편 후 한쪽 끝면에 물을 적신다.
3. 물을 적신 끝 면에 스틱을 데고 둥글게 말아간다.

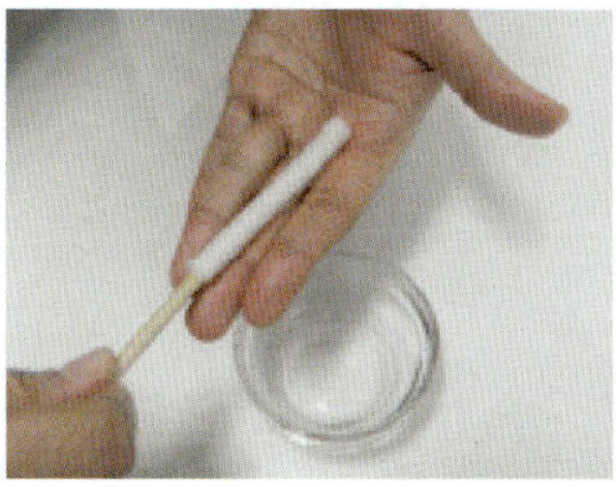 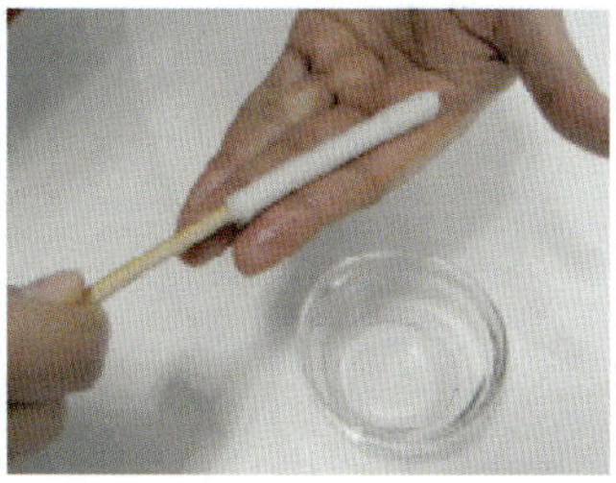

4. 솜으로 둥글게 말린 스틱에 거즈를 한 번 더 단단하게 말아준다.
5. 스틱이 너무 두꺼우면 시술 시 불편한 사항들이 발생하므로 스케일링제를 담는 유리관 통과가 쉽도록 크기를 조절해야한다.

요점정리

01 두피 스케일링이란 노화된 각질, 피지 분비물, 비듬 등 두피에 쌓여 있는 노폐물들을 제거해 줌으로써 건강한 두피와 모발 성장의 토대를 제공해 주기 위해 실시하는 시술의 일종이다.

02 두피 스케일링은 각질 및 노폐물을 모공에서 제거하여 모공을 이완시켜 주며, 두피의 각화 주기를 정상화 시켜줌과 동시에 두피의 호흡과 원활한 혈액순환과 영양 공급의 효과를 높임으로써 두피 및 모발이 건강할 수 있는 환경을 조성해 주기 위해 스케일링을 실시한다.

03 스케일링 시 두피의 유형에 따라 적합한 제품을 선정하여 사용하는 것이 중요하다.

04 두피 스케일링제의 종류는 액상 타입, 젤 타입, 오일 타입, 크림 타입이 있다.

05 건강한 두피 · 모발을 유지하기 위해서는 기초대사량을 초과하지 않는 한도 내에서 충분한 영양소를 섭취해주며 꾸준한 운동으로 건강한 신체를 만들어 주어야 한다. 두피 · 모발 타입에 맞는 샴푸제의 선정과 사용법으로 두피 · 모발의 상태를 쾌적한 상태로 유지 시켜야 하며 꾸준한 관리로 세균이 증식할 수 있는 환경을 만들지 않도록 한다.

06 아로마 오일의 작용은 생리작용, 심리작용, 항균작용, 생체리듬 조절작용, 약리작용이 있다.

단원종합문제

01 다음 중 두피 스케일링의 목적이 아닌 것은?

① 두피세정 ② 각화주기 정상화
③ 모공 수축 ④ 혈액순환

02 두피 스케일링제의 종류 중 가벼운 각질 및 피지를 제거할 때 사용 하는 것은?

① 액상 타입 ② 젤 타입
③ 오일 타입 ④ 크림 타입

03 다음 <보기>의 내용 중 괄호 안에 들어갈 알맞은 말은?

〈보기〉두피 스케일링이란 노화된 각질, 피지 분비물, 비듬 등 두피에 쌓여 있는 〈 〉들을 제거해 줌으로써 건강한 두피와 모발 성장의 토대를 제공해 주기 위해 실시하는 시술의 일종이다

① 비듬 ② 피지
③ 노폐물 ④ 모발

04 두피 스케일링 시 유 · 수분 공급이 이루어 질 수 있도록 주의하며 시술해야 하는 두피는?

① 지성 두피 ② 건성 두피
③ 민감성 두피 ④ 비듬성 두피

마무리 학습

1. 두피 스케일링을 실시하기 위해 스틱 만들기 실습해보기

두피 스케일링용 스틱 만드는 순서와 방법 설명하기

두피 스케일링용 스틱 제작 시 주의점

활동과제

2. 두피 스케일링 실습해보기

<table>
<tr><th colspan="6">두피 스케일링 실습 계획서</th></tr>
<tr><td>학번</td><td></td><td>이름</td><td colspan="3"></td></tr>
<tr><td colspan="6">스케일링 과정</td></tr>
<tr><td colspan="6">두피 스케일링 순서와 실습 사진을 매칭시켜 작성해 보세요^^</td></tr>
<tr><td>스케일링 시 주의점</td><td colspan="5"></td></tr>
<tr><td>스케일링제 선택의 이유와 종류</td><td colspan="5"></td></tr>
<tr><td colspan="6">피평가자 체크리스트</td></tr>
<tr><td>구분</td><td colspan="2">평가 내용</td><td colspan="3">평가 결과</td></tr>
<tr><td rowspan="4">준비하기</td><td colspan="2">두피 스케일링을 위한 준비물은 빠짐없이 준비하였다.</td><td>상</td><td>중</td><td>하</td></tr>
<tr><td colspan="2">스케일링을 위한 스틱을 만들었다.</td><td>상</td><td>중</td><td>하</td></tr>
<tr><td colspan="2">두피의 특징에 알맞은 제품을 준비하였다.</td><td>상</td><td>중</td><td>하</td></tr>
<tr><td colspan="2">스티머 사용을 위한 준비를 하였다.</td><td>상</td><td>중</td><td>하</td></tr>
<tr><td rowspan="3">시술하기</td><td colspan="2">스케일링 순서에 맞추어 실시하였다.</td><td>상</td><td>중</td><td>하</td></tr>
<tr><td colspan="2">고객의 얼굴 또는 옷에 제품을 떨어뜨리지 않았다.</td><td>상</td><td>중</td><td>하</td></tr>
<tr><td colspan="2">전부두는 크로스 체크하여 도포하였다.</td><td>상</td><td>중</td><td>하</td></tr>
<tr><td>마무리하기</td><td colspan="2">스켕일링에 적합하게 스티머를 씌웠다.</td><td>상</td><td>중</td><td>하</td></tr>
</table>

평가

평가준거

- 평가자는 학습자가 수행 준거 및 평가 항목에 제시되어 있는 내용을 성공적으로 수행하였는지를 평가해야 한다.
- 평가자는 다음 사항을 평가해야 한다.

학습내용	평가항목	성취수준		
		상	중	하
두피 스케일링	- 두피 유형에 따라 스케일링 제품을 선정하여 시술할 수 있다.			

평가방법

- 서술형 시험

학습내용	평가항목	성취수준		
		상	중	하
두피 스케일링	- 두피 유형에 따른 스케일링 제품 사용 지식			

평가자 체크리스트

학습내용	평가항목	성취수준		
		상	중	하
두피 스케일링	- 두피 유형에 따라 스케일링 제품을 선정하여 시술할 수 있는 능력			

피드백

1. 평가자 체크리스트

- 두피 유형을 진단하게 한 후 두피의 종류에 맞는 스케일링제 선택 능력과 스케일링 과정을 시행하게 한 후 평가하고, 미흡한 부분에 대해서는 향상 학습을 통해 재평가를 받을 수 있도록 한다.

<table>
<tr><th colspan="2" rowspan="2">학습내용 구분</th><th rowspan="2">평가항목</th><th colspan="5">평가수준</th></tr>
<tr><th>매우미흡</th><th>미흡</th><th>보통</th><th>우수</th><th>매우우수</th></tr>
<tr><td>사전준비</td><td></td><td>- 두피 스케일링을 위한 제품 및 도구, 기기 준비 능력</td><td>①</td><td>②</td><td>③</td><td>④</td><td>⑤</td></tr>
<tr><td>이해정도</td><td>두피 유형별</td><td>- 두피 유형에 따른 샴푸제를 선정하여 시술할 수 있는 능력</td><td></td><td></td><td></td><td></td><td></td></tr>
<tr><td></td><td>두피 스케일링</td><td>- 두피 유형에 따라 스케일링 제품을 선정하여 시술할 수 있는 능력</td><td></td><td></td><td></td><td></td><td></td></tr>
<tr><td>수행능력</td><td>두피 매뉴얼 테크닉</td><td>- 두피 스케일링 효과를 높이고 두피의 혈액 순환을 돕기 위해 두피 매뉴얼 테크닉을 할 수 있는 능력</td><td></td><td></td><td></td><td></td><td></td></tr>
<tr><td rowspan="2">수행결과</td><td rowspan="2">두피 영양 공급</td><td>- 영양 공급과 유·수분 균형 조절을 위해 팩과 앰플을 사용할 수 있는 능력</td><td></td><td></td><td></td><td></td><td></td></tr>
<tr><td>- 두피 관리에 필요한 기기와 기구를 선택하여 사용할 수 있는 능력</td><td></td><td></td><td></td><td></td><td></td></tr>
</table>

읽을거리 풍성한 헤어스타일 연출을 위해 선택한 두피 문신

최근 탈모환자가 급증하고 있다. 탈모는 유전적 요인, 수면부족, 스트레스, 과로, 음주, 흡연 등 매우 다양하며, 탈모환자의 연령이 점점 낮아지면서 스타일링에 민감한 젊은층에서 매우 큰 고민으로 나타나고 있다.

모발 이식 수술마저 어려운 탈모환자들이 선택한 것은 바로 두피 문신이다.

두피문신은 정수리나 헤어라인부위 등 두피가 비치는 곳에 점을 찍어 보기 흉한 부분을 숨기고, 모발이 있는 것처럼 시각적인 환상을 만들어줄 수 있다. 비교적 짧은 시간에 효과적인 인상관리를 해줄 수 있고, 마취가 특별히 필요 없으며 하루 이틀 내로 샴푸가 가능하여 일상생활에도 지장을 주지 않기 때문에 탈모환자들이 많은 관심을 갖고 있다. 탈모질환에 시행하는 두피 문신은 의료용 잉크로 안전하게 병원에서 시술을 받는 것이 좋다.

그러나 지루성 두피염과 같이 두피에 문제가 있어 탈모가 생긴 경우 원인을 해결하지 않고 두피문신을 하게되면 탈모가 더욱 악회될 우려가 있으므로 부작용에 주의를 요한다.

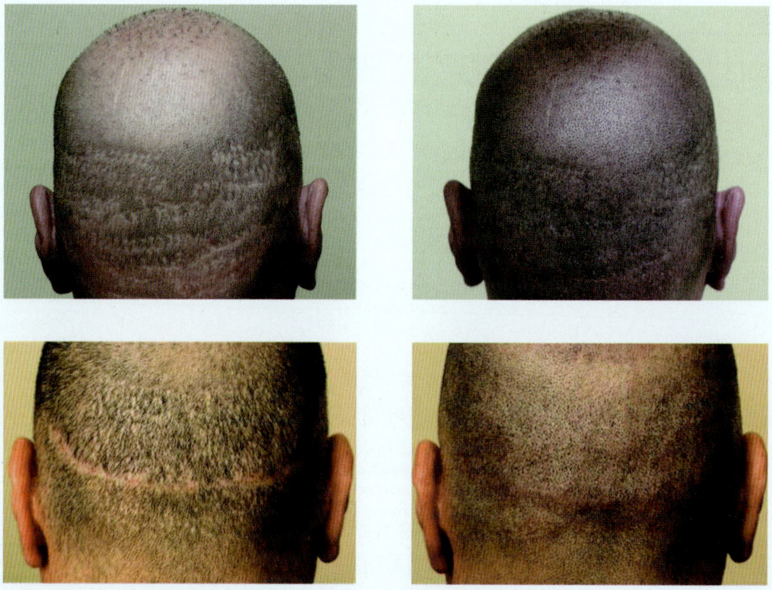

낱말풀이

〈가로열쇠〉

1. 두피와 모발의 이물질을 제거하고 혈액순환을 촉진시키며 모발의 연모화를 방지하는 것.
2. OOO 샴푸는 온유성 샴푸라고도 하며 퍼머넌트나 염색 등의 화학처리로 인해 모발이 건조해졌을 때 지방분을 공급하기 위하여 실시한다.
3. OOOO 린스는 모발의 류분과 수분을 보충하여 헤어 컨디셔너 효과를 얻기 위한 린스제이다.
4. OO 계면활성제는 pH에 따라 전하를 바꿀 수 있고 베이비용 제품에 사용한다.
5. 계면활성제는 OO, 유화, 분산, 가용화, 기포 등의 특성이 있다.
6. 샴푸나 비누에 가장 많이 사용되는 계면활성제로 기포력과 세정작용 및 유화성이 뛰어나다.

〈세로열쇠〉

7. 계면활성제의 작용으로 모발 사이에 샴푸를 OO시켜 때를 제거한다.
8. 샴푸 시술 전 빗을 사용하여 가벼운 자극을 주어 모발과 두피에 있는 이물질을 제거하는 것.
9. OOO 계면활성제는 역성비누라고도 하며 항균성을 지니고 있어 살균 및 소독 작용을 한다.
10. OO두피에는 음이온 계면활성제 성분의 샴푸를 사용하도록 한다.

3-1 모발 상태별 샴푸

학습목표

• 모발 및 두피 상태와 관리 방법에 따라 샴푸제를 선정하여 샴푸시술을 할 수 있다.

필요 지식

1 샴푸의 효과, 샴푸제의 종류 및 성분

1. 샴푸효과

1) 모발의 오염 물질인 때(hair soil), 먼지, 땀, 비듬, 헤어 스타일링 제품 등을 제거
2) 두피 마사지로 피로와 긴장 해소
3) 두피혈액 순환 촉진
4) 모근 강화 및 모발 성장 촉진
5) 청결과 상쾌함을 유지
6) 모발 손질을 효과적으로 실시할 수 있다.

2. 샴푸제의 종류

샴푸의 종류는 크게 5가지로 나누어진다. 플레인 샴푸(plain Shampoo)는 가장 일반적인 샴푸로 비누 또는 합성세제에 물을 사용하는 방법으로 정상모에 적합하나 강한 세정력으로 두피가 거칠어지고 장기간 사용하게 되면 모유두가 손상된다.

또한 손상모에 적합한 스페셜 샴푸(Special Shampoo)가 있으며, 치료가 필요할 때 사용되는 토닉 샴푸(Tonic Shampoo) 또는 약용샴푸가 있다. 그리고 특수한 목적에 따라 사용되는 드라이 샴푸(Dry Shampoo), 모발이나 두피를 건강하게 유지하는 것을 목적으로 하는 트리트먼트 샴푸가 있다. 이들 각각에 대한 자세한 설명은 다음과 같다.

1) 스페셜 샴푸

(1) 핫오일 샴푸(Hot oil shampoo)

온유성 샴푸라고도 한다. 아몬드유, 춘유, 올리브유 등의 식물성 오일을 따뜻하게 하여 두피와 모발에 충분히 침투시킨 후 샴푸한다. 건조한 두피와 모발에 유분을 공급하며 특히 경수에도 샴푸가 잘 된다.

(2) 에그 샴푸(Egg shampoo)

지나치게 건조한 모발, 염색이나 탈색으로 인한 손상모, 노화된 모발, 염증이 일어나기 쉬운 두피에 영양을 공급할 목적으로 계란을 사용하여 모발을 마사지한 후 샴푸한다. 거품을 내서 사용하는 흰자는 세정작용으로 비듬, 때, 노폐물을 제거하며, 노른자는 영양과 광택을 부여한다.

(3) 컬러픽스 샴푸(Color fix shampoo)

색 고정용으로 pH밸런스를 조절해 주며 산화방지를 위한 비타민이 들어있어 영양과 보습 공급 및 색상유지에 효과적이다.

(4) 프로테인 샴푸(Protein shampoo)

단백질을 함유하고 있으므로 다공성모에 적합하다.

(5) 논 스트립 샴푸(Non strip shampoo)

저자극성 샴푸라고도 한다. pH가 약산성으로 손상모나 염색모에 적합하다.

(6) 컬러 샴푸(Color shampoo)

염모용으로 일시적인 염색효과가 있는 헤너샴푸가 대표적이다.

(7) 브리치 샴푸(Bleach shampoo)

자연스런 밝기의 탈색을 원할 때 사용하는 기법으로 탈색제, 산화제, 온수, 샴푸를 혼합 하여 도포한다.

2) 토닉 샴푸(약용 샴푸)

(1) 약용 샴푸(Medicated shampoo)

항비듬성 샴푸(anti-dandruff shampoo)라고도 한다. 비듬이나 가려움증이 있는 두피에 징크피리치온이나 기타 비듬방지성분이 함유되어 가려움증이나 비듬을 예방할 수 있다. 플레인 샴푸 후 사용하면 효과적이며 샴푸제를 도포하고 두피를 2~3분간 마사지하고 5분 후에 헹군다. 치료가 필요할 때 사용한다.

(2) 비듬제거용 샴푸(Dandruff-removal shampoo)

'유화셀렌' 성분이 함유되어 있어 모발과 두피의 생리 기능과 모발의 성장을 촉진시키며 비듬제거에 효과가 있다.

3) 드라이 샴푸

(1) 파우더 드라이 샴푸(Powder dry Shampoo)

산성 백토에 탄산마그네슘, 카오린, 붕사 등을 섞어서 분말을 모발에 뿌리고 약 20~30분 정도 경과한 후에 분말가루가 모두 제거되도록 브러싱을 하고 빗을 때마다 깨끗한 타올로 모발을 닦아낸다. 물로 샴푸할 수 없는 경우에 사용하는 일시적인 샴푸법으로 세정력이 뛰어나다.

(2) 에그 파우더 드라이 샴푸(Egg powder dry shampoo)

달걀의 흰자를 거품 내서 모발에 바른 다음 건조시킨 후 브러싱하는 방법으로 병상에 있을 때나 여행 중에 이용되었으나 현재는 가축의 세정에만 이용된다.

(3) 리퀴드 드라이 샴푸(Liquid dry Shampoo)

벤젠이나 알콜에 약 12시간 담가 두었다가 음지에서 건조시키는 방법으로 주로 가발(wig)의 세정에만 이용된다.

3. 샴푸제의 성분

1) 계면활성제(Surface active Surfactant)

샴푸제에 사용하는 계면활성제에는 지방산계 계면활성제, 석유합성계 계면활성제, 고급 알콜계 계면활성제, 아미노산계 계면활성제, 양성 계면활성제 등이 있다. 그 중 가장 일반적인 것은 고급알콜계 계면활성제이다. 또 계면활성제에는 물에 녹았을 때의 이온화 상태에 따라 음이온 계면활성제, 양이온 계면활성제, 양성 계면활성제, 비이온 계면활성제로 분류할 수 있다.

계면활성제의 작용은 유화, 분산, 습윤, 가용화, 기포화 등으로 각기 그 목적에 따라 작용하여 클렌징 시킨다. 계면활성제는 분자 구조상 물에 녹기 쉬운 친수성 원자단과 기름 에 녹기 쉬운 친유성 원자단을 동일 분자 내에 지니고 있다. 이 두개의 원자단의 힘의 세 기에 따라 계면활성제로서의 성질이 변화한다.

(1) 양이온성 계면활성제

- 물에 녹으면 친수기가 이온화한다.
- 살균, 소독 작용이 있으며, 정전기의 발생을 억제시키므로 헤어린스나 헤어트리트먼트의 성분으로 사용된다.
- 수용액에서 이온화해 활성제의 주체가 양이온이 되는 것을 말한다.
- 세트로션, 토닉, 역성비누에 사용된다.
- 음이온 비누와 반대의 성질을 가지고 있는 비누이다.

(2) 음이온성 계면활성제

- 물에 녹으면 친수기가 이온화된다.
- 세정 작용, 기포 형성 작용이 우수해 비누, 샴푸, 폼 클렌저 등에 사용된다.
- 계면활성제 중 수용액에서 이온화해 활성제의 주체가 음이온이 되는 것이다.

(3) 비이온성 계면활성제

- 수용액 중에서 이온화되지 않는 계면활성제를 비이온 계면활성제라고 한다.
- 물에 녹아도 이온화하지 않는다. 환자용 샴푸나 화장품 유화제에 사용된다.
- 저자극성으로 클렌징 크림의 세정제, 화장품의 유화제로 사용된다.
- 피부 자극이 적어 화장수의 가용화제, 크림이나 로션상의 유화제, 클렌징 크림의 세정제로 사용된다.

(4) 양쪽성 계면활성제

- 세정 작용이 있으며, 피부자극이 저자극성이다. 저자극샴푸, 베이비샴푸 등에 사용된다.
- 물에 녹아 친수기가 pH에 의해 이온화해 주어진 조건에 따라 양이온도 음이온도 될 수 있다.

2) 기타 성분 및 첨가제

주로 올리브유, 피마자유, 라놀린, 레시틴유, 실리콘 오일 등이 원료이며, 부족하면 모발의 윤기가 없어 거칠어지고 과도하면 거품이 잘 일지 않아서 세정력이 나빠지는 유지류 가 있다. 건강한 모발의 수분함유량은 10~13%이나 손상모의 경우에는 수분 함유량이 저하되므로 모발 보습성을 유지시키기 위해 첨가되는 보습제는 주로 글리세린, 플로필렌글리콜, 피롤리돈카르본산 등이 사용된다. 또한 거품이 잘 형성되도록 도와주며 알카놀아미드와 옥사이드 등이 원료로 사용되는 기포제가 있다. 그 외 첨가제로는 모발 보호제, 비듬방지제, 향료, 색소, 살균제 등이 있다.

2 린스

1. 린스의 목적

샴푸 후 모발에 남아있는 불용성 및 알칼리성을 중화시키고 금속성 피막을 제거하며 모발의 엉킴을 방지하고 건조를 예방한다. 린스의 양이온 활성제 성분은 대전(帶電) 방지에 효과적이어서 머리카락이 부풀어 보이지 않아 중량감이 있어 보인다. 또 모발에 윤기를 부여하고 보호막을 형성시켜 수분과 영양 공급에 도움을 준다.

2. 린스의 성분

린스는 모발의 탄력과 유연성을 주며 피질 층에 수분을 공급하고 광택을 위해 큐티클 손상을 예방한다. 콜라겐, 엘라스틴과 같은 보습제, 습윤제, 유성 성분이 함유되어 있어 내부로 쉽게 침투되며, 수분 공급과 손상모에 대한 영양 공급, 모발의 탄력성을 준다.

3. 린스의 원리

린스제는 약산성으로 이온 결합의 원리로 작용한다. 모발의 등전점을 유지해주고 양이온 계면 활성제가 모발의 음이온과 결합하여 모발 표면에 얇은 피막을 형성해 정전기 발생을 방지하고 모발의 마찰 저항 감소 및 윤기를 부여한다.

4. 린스의 종류

1) 플레인(Plain) 린스

일반적인 린스 방법으로 물로만 헹궈주는 것을 말한다, 모발에 남아있는 불용성 및 알칼리성을 중화시키고 금속성 피막을 제거하며 모발의 엉킴을 방지하고 건조를 예방한다. 물의 온도는 38℃ 정도의 연수를 사용하는 것이 좋다.

2) 유성(Oil) 린스

유성 린스의 작용은 두피의 살균 작용과 모발의 부드러움을 부여하고 퍼머, 염색, 탈색을 시술시 오버 타임으로 손상된 모발이나, 합성세제를 사용하여 샴푸를 행하였을 경우, 또는 모발이 지나치게 건조할 때, 행하는 방법으로 모발에 피막을 형성하여 광택을 주고 대전 방지에 효과가 있다.

고급 지방산 스테아린산, 라놀린, 레시틴 등에 케타이언(양이온) 활성제를 배합하여 친수성 유액상의 크림린스제로 유화시켜 사용한다. 또 올리브유를 따뜻한 물에 타서 건성모에 적합한 오일(oil) 린스도 있다.

3) 산성(Acid) 린스

산성 린스는 모발의 pH를 조절해주는 역할을 한다. 퍼머와 염색 후 알칼리 성분을 중화시키는 작용을 하고 형성된 금속성 피막을 제거한다. 강산성의 경우 모발이 표백되거나 단백질이 응고되어 뻣뻣해질 수 있으므로 장기간 사용은 피한다. 산성 린스의 종류는 레몬 린스와 구연산 1.5g을 약 0.5l의 따뜻한 물로 희석하여 사용하는 레몬 린스와 구연산 1.5g을 약 0.5l의 따뜻한 물로 희석하여 사용하는 시트르산(citric acid)린스, 즉 구연산 린스가 있으며, 식초나 초산을 10배 정도 희석하여 마지막에 사용하는 식초(vinegar) 린스도 있다.

4) 약용(Medicinal) 린스

불쾌감을 없애는 비듬 제거용이나 또는 두피의 질환을 낳게 해수는 효과가 있으며 모발을 보호해주는 치료 보호제의 린스제이다. 의약에서처럼 약으로 쓰이는, 즉 환자들을 위한 치유력이 있는(curative) 위생적이고 건강에 좋은 약용 린스를 말한다.

수행 내용 모발 샴푸 및 린스하기

수행재료 및 기기

재료	기기
· 유형별 샴푸제, 린스제 · 아이패드 · 타월	· 샴푸대 · 스캘프 펀치(워터 펀치)

안전 · 유의사항

· 고객의 옷이 젖지 않도록 주의 한다.

수행 순서 및 방법

1. 샴푸 수행 순서

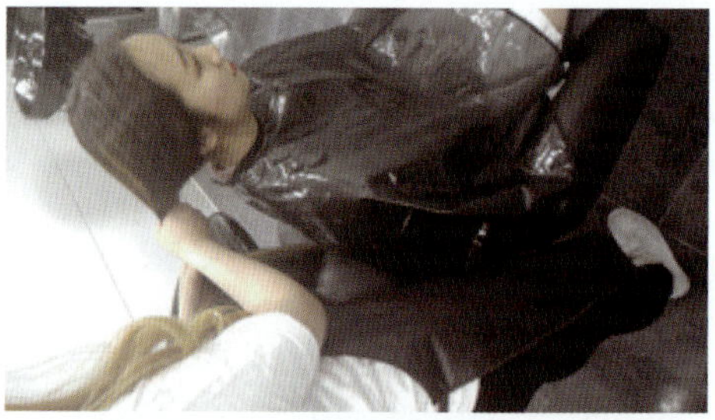

① 고객을 샴푸실로 안내하여 의자에 앉히고 타올과 샴푸보를 착용한다. 브러싱을 하여 모발을 정리한 후 샴푸대에 눕힌다.

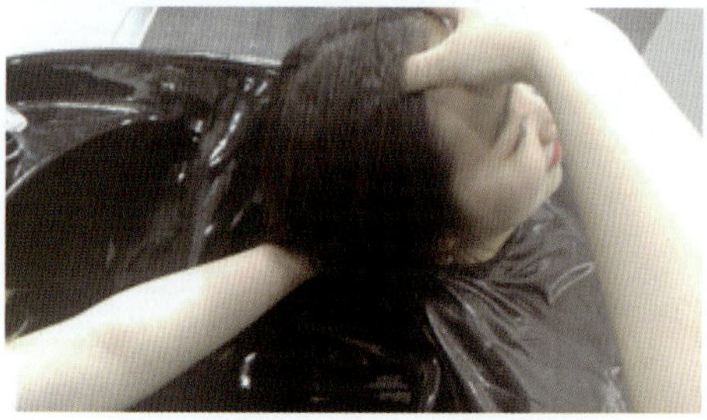

② 샴푸대에 편히 누울 수 있도록 목뒤를 받쳐주고 샴푸대에 누운 고객이 편안한지 확인한다.

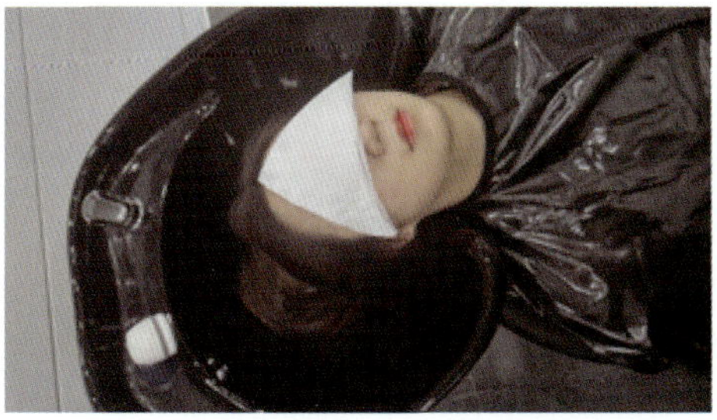 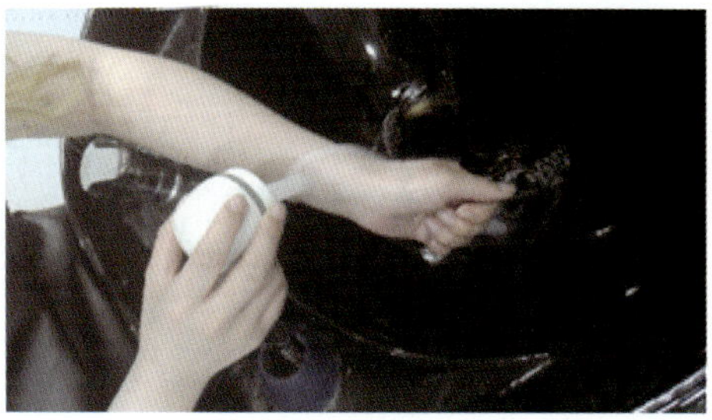

③ 고객이 편안할 수 있도록 눈을 가려주고 샴푸의 시작을 알린다. 물을 틀어 시술자의 손목에 물의 온도를 확인하고 샴푸를 시작한다.

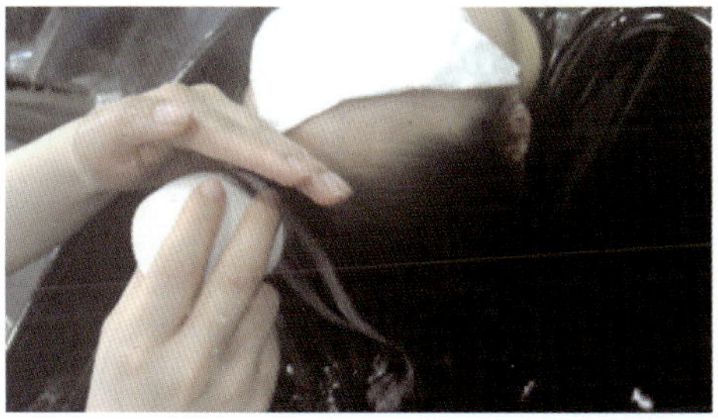 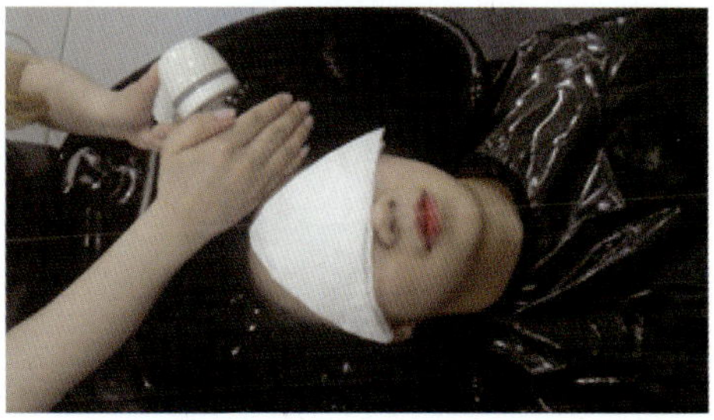

④ 얼굴에 물이 튀거나 흐르지 않도록 한손으로 벽을 세워주며 모발에 수분을 충분히 준다.

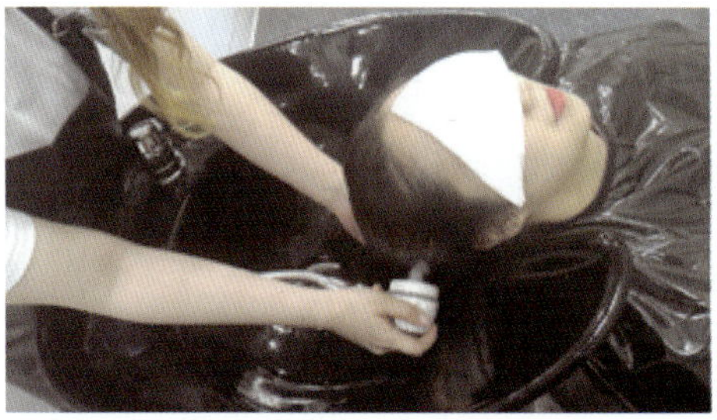 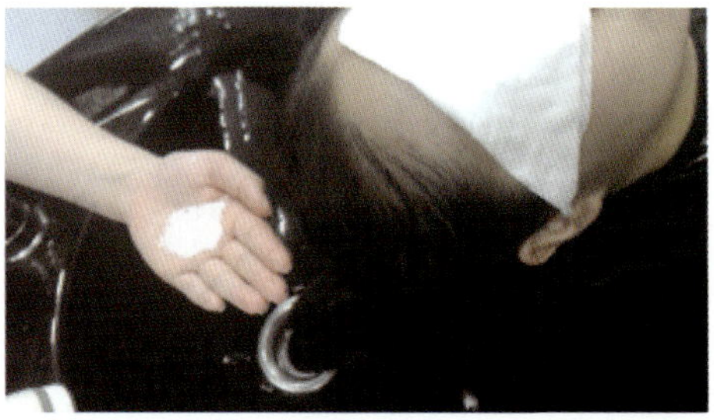

⑤ 전두부와 후두부 모두 충분히 적신 후 샴푸 제품을 손에 담는다. 제품은 모발의 길이에 따라 양을 달리 한다. 어깨 기장으로 500원 동전만큼 담는다.

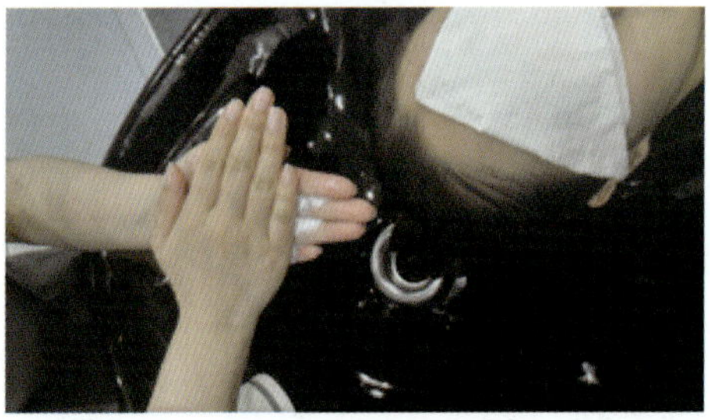
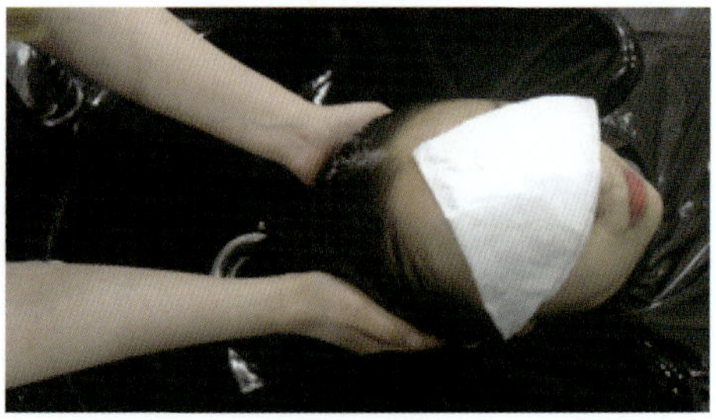

⑥ 시술자의 손에서 충분한 거품을 내고 두상과 모발 전체에 골고루 도포한다.

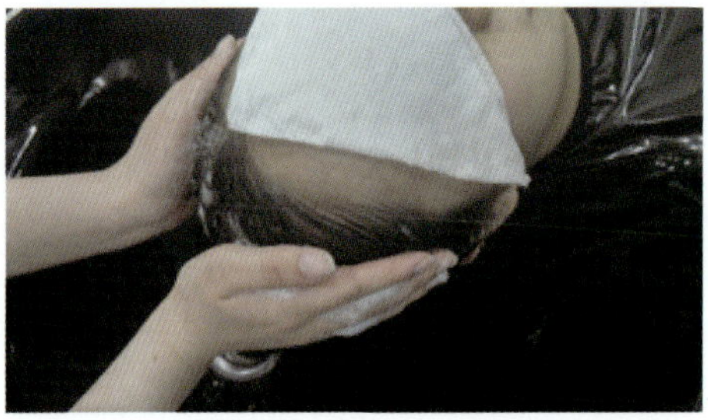
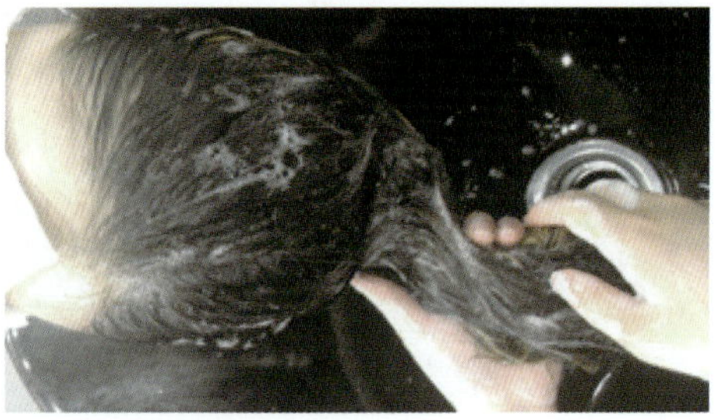

⑦ 도포 후 손바닥 전체로 두상을 문질러 충분한 거품을 낸다. 모발 끝에도 충분한 거품을 낸다. 충분한 거품이 일지 않으면 물을 더 보충하거나 제품을 소량 더 사용한다.

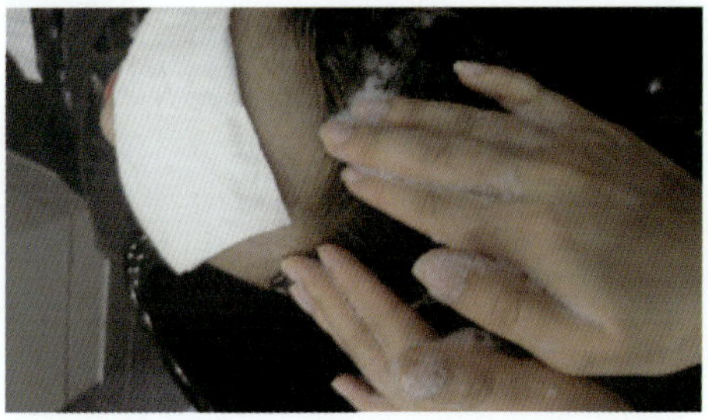
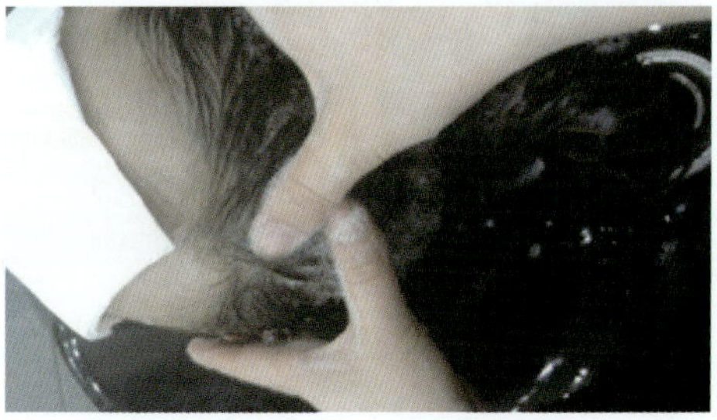

⑧ 손가락의 지문을 이용하여 샴푸한다. 검지와 중지를 이용하여 헤어라인을 따라 원을 그리듯 샴푸하고 엄지를 이용해 센터포인트에서 탑포인트, 백포인트 방향으로 문지르며 샴푸한다.

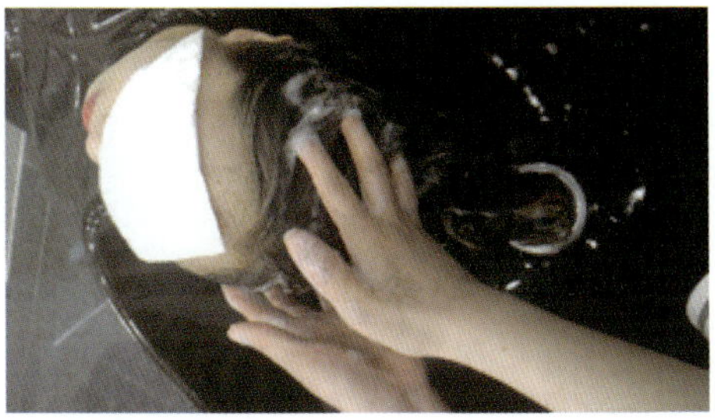 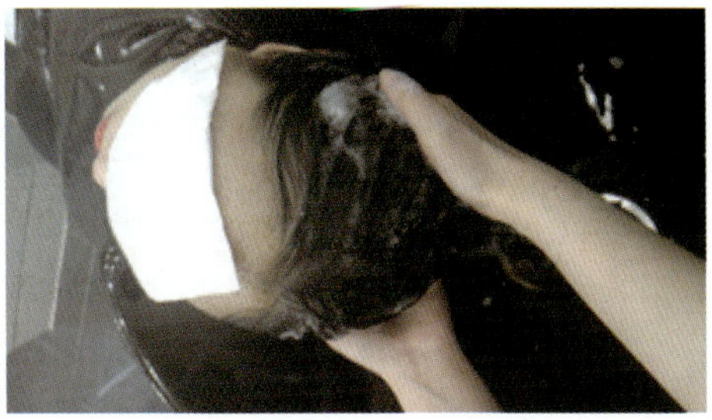

⑨ 전두부에서 후두부 쪽으로 내려가면서 샴푸한다. 네이프 포인트까지 깊숙히 진행한다.

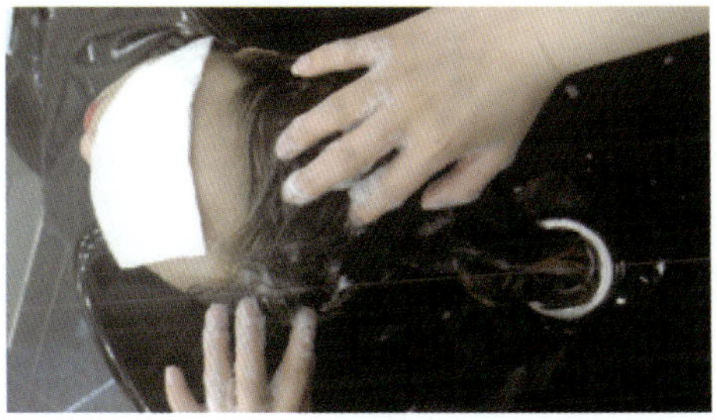 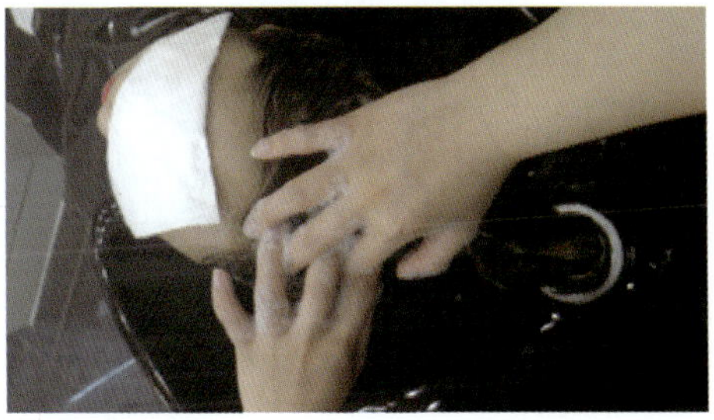

⑩ 손의 방향을 바꿔 손가락을 교차시키며 샴푸한다. 이때 적당한 압을 주어 고객이 상쾌한 기분이 들 수 있도록 한다.

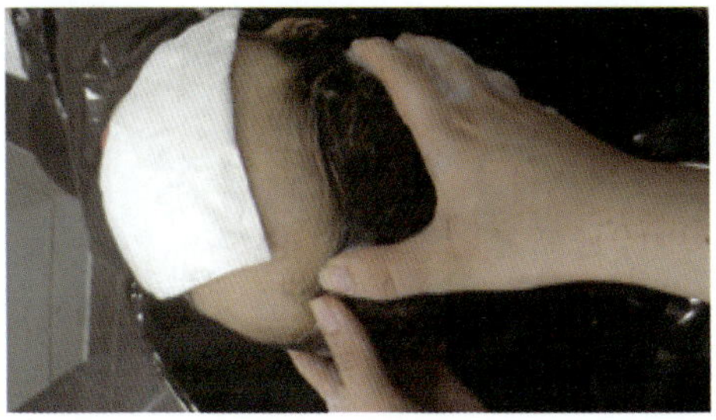 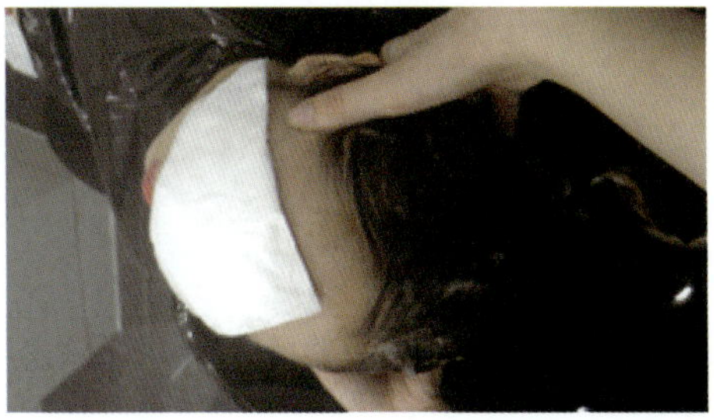

⑪ 엄지를 이용해 페이스라인을 따라 지압을 해준다. 귀 밑에까지 내려가며 진행한다. 압을 줄 때 고객이 아프지 않도록 주의한다.

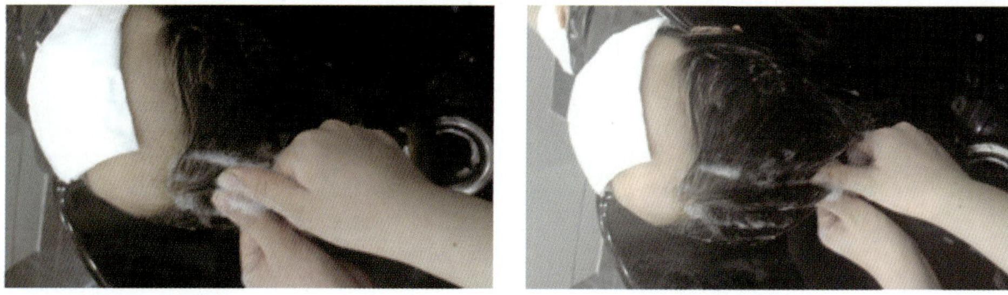

⑫ 센터에서 백포인트까지 3cm 간격으로 지압해주며 샴푸를 마무리한다.

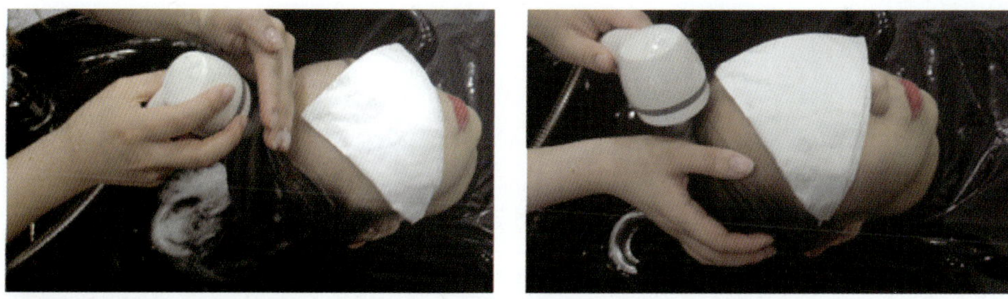

⑬ 샴푸를 충분히 헹궈낸다. 샴푸가 남아있으면 두피에 자극을 주어 두피질환이나 탈모를 유발할 수 있으므로 손가락 지문을 이용해 두피와 모발을 문지르며 깨끗하게 헹궈낸다.

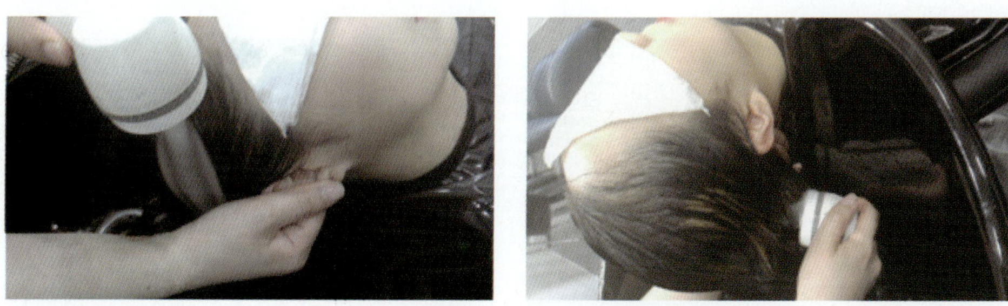

⑭ 페이스라인과 귀까지 깨끗하게 헹궈낸다. 이때 고객의 얼굴이나 귓속으로 물이 흐르지 않도록 주의한다.

 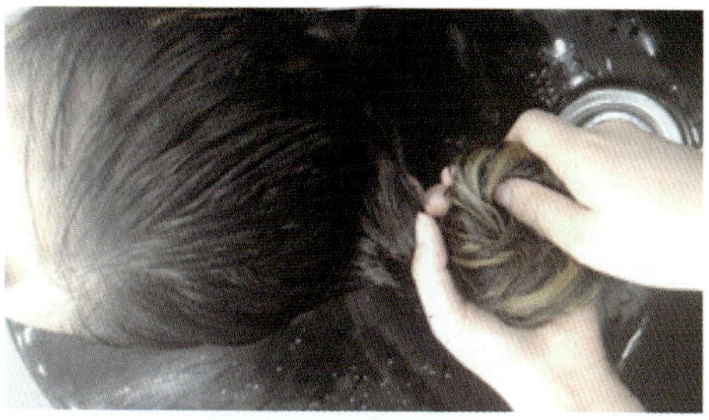

⑮ 후두부는 고객의 목을 받쳐 살짝 들어올린 후 헹궈낸다. 마지막으로 모발을 충분히 헹궈낸 후 모발의 물기를 짜준다.

 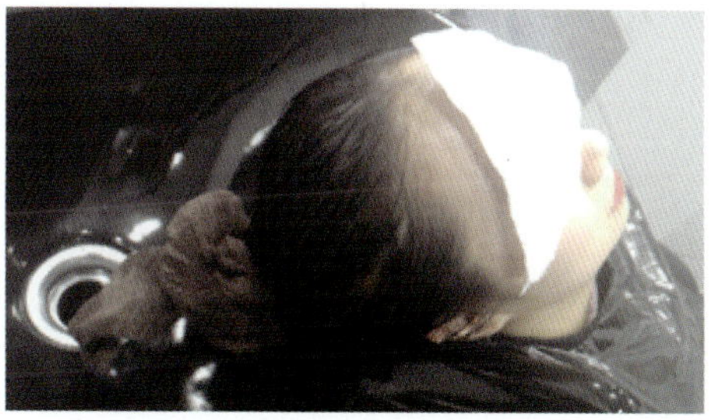

⑯ 타올로 두피와 모발의 물을 최대한 제거하고 페이스라인과 귀, 목덜미까지 닦아낸다. 긴 모발의 경우 모발을 타올로 감싸메고 짧은 모발의 경우 두상 전체를 감싼다.

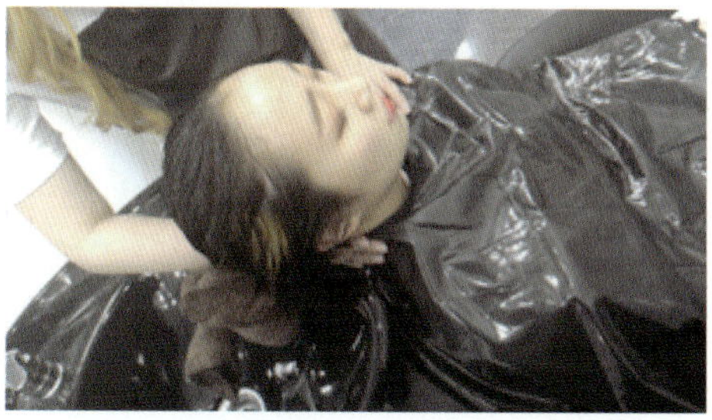 

⑰ 샴푸가 끝났음을 고객에게 알리고 페이스 타올을 제거한다. 고객의 목과 등을 받쳐 일으킨다.

2. 린스 수행 순서

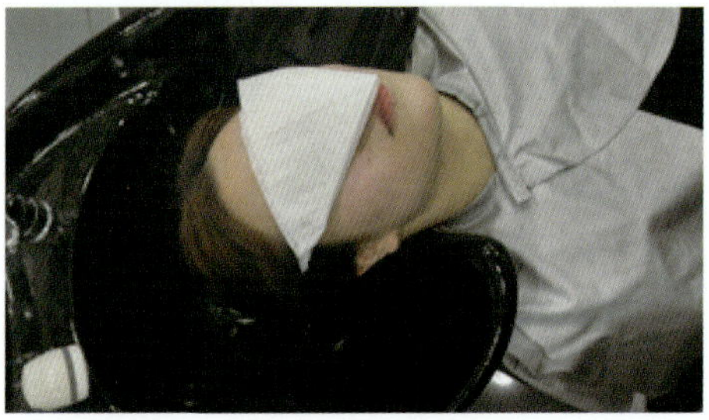
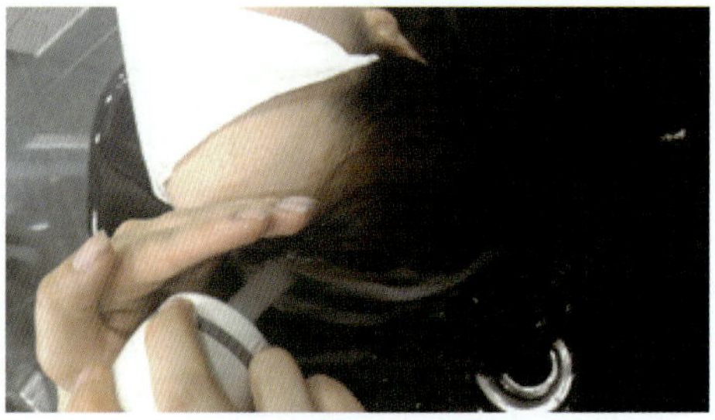

① 고객을 샴푸대에 눕히고 페이스 타올을 올려 고객에게 편안함을 준다. 미온수의 물을 두피와 모발에 골고루 뿌려준다.

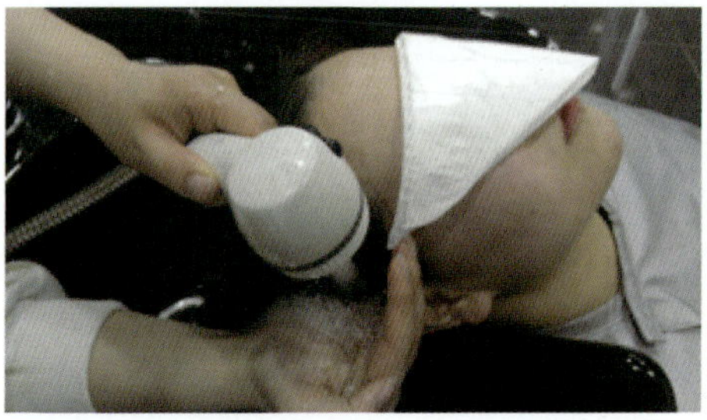
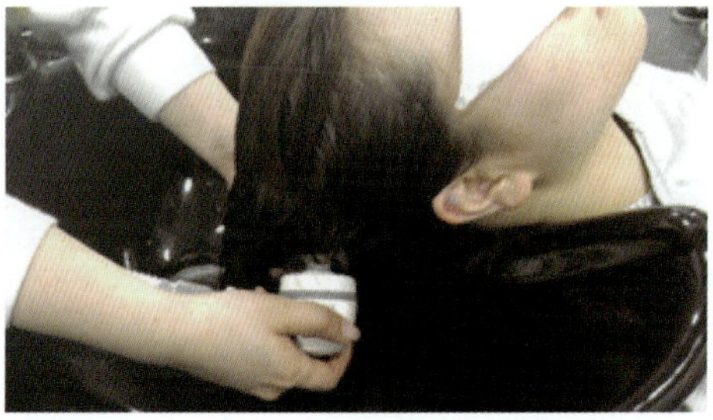

② 고객의 얼굴이나 귓속에 물이 흐르지 않도록 주의한다.

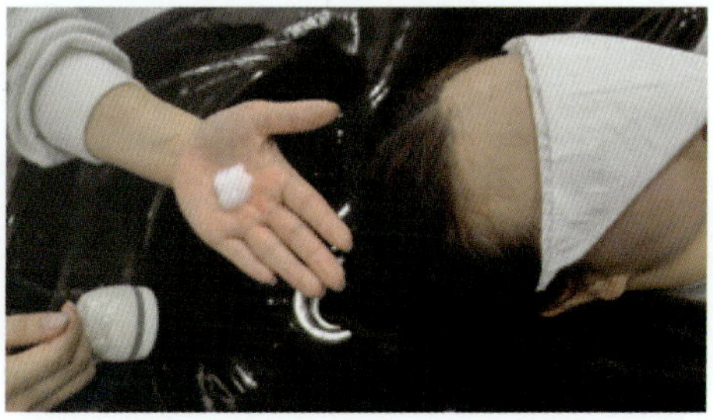

③ 모발을 물로 충분히 헹궈준 후 린스를 시술자의 손에 담는다.

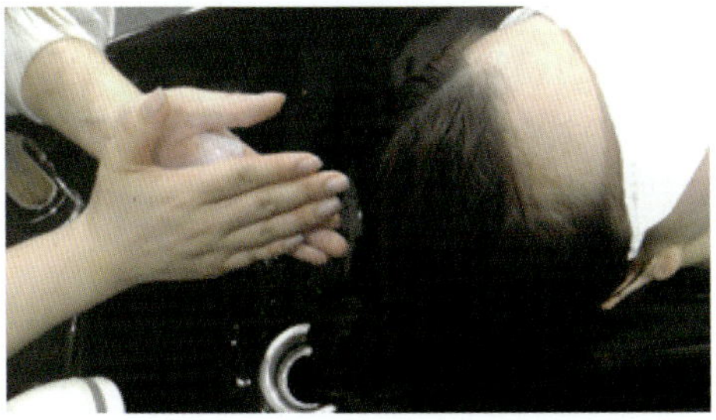

④ 시술자의 손에 골고루 펴바른 후 모발 끝에서부터 발라준다. 두피쪽은 모발에 바르고 남은 양을 소량만 발라준다.

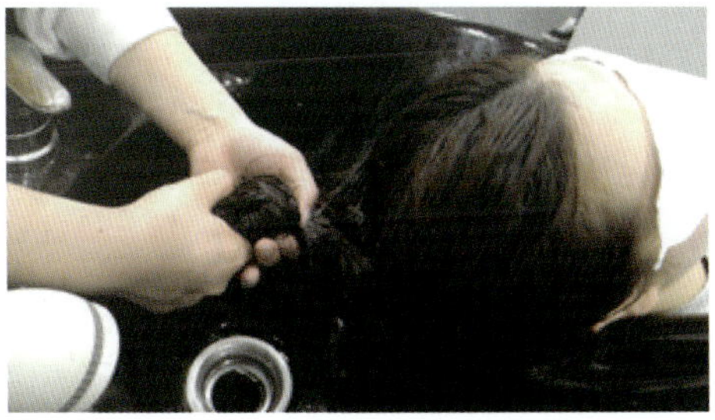
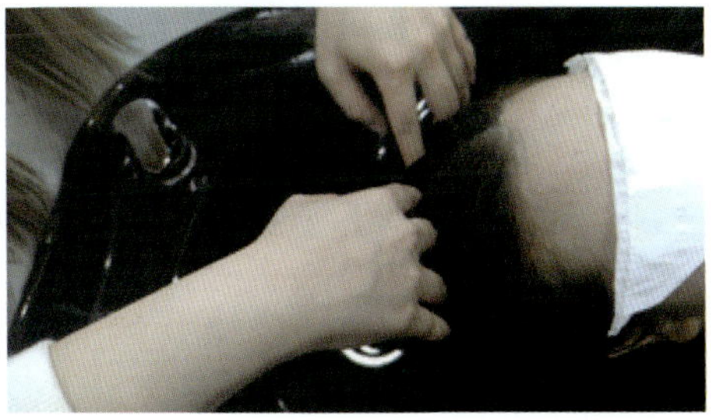

⑤ 두피보다 모발 위주로 도포한다.

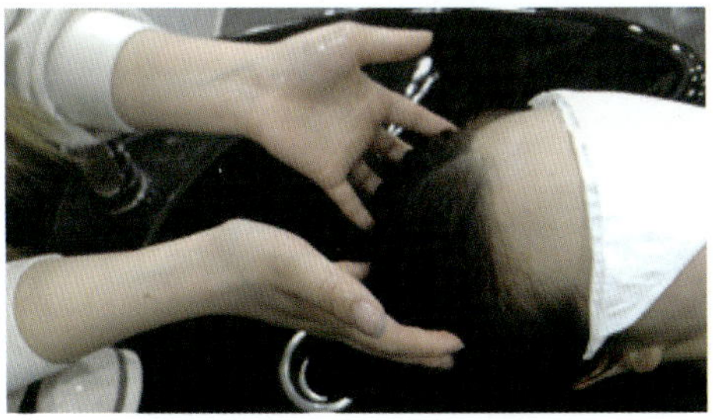
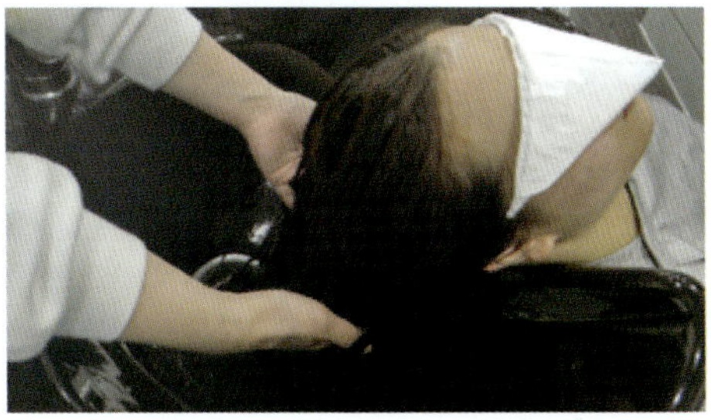

⑥ 두피를 긁지 않도록 주의하며 도포하고 도포 후 손가락을 이용해 모발을 빗어 준다.

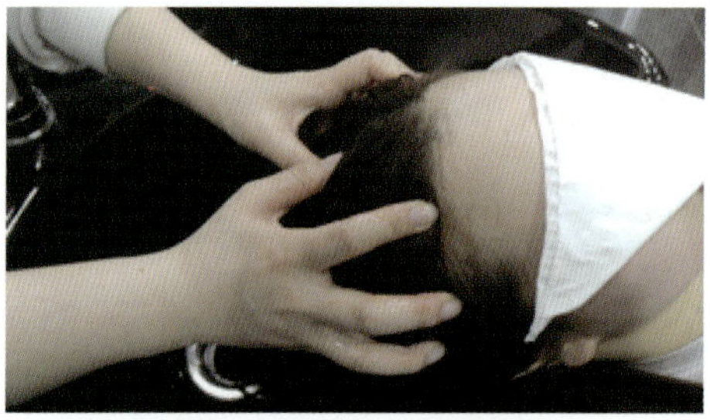

⑦ 손가락 끝 지문을 이용해 두피 전체를 마사지 한다. 네이프는 한손으로 목을 받쳐 올리고 다른 손으로 진행한다.

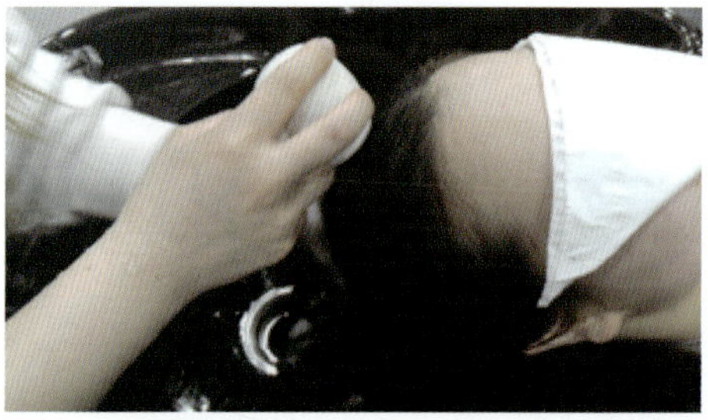

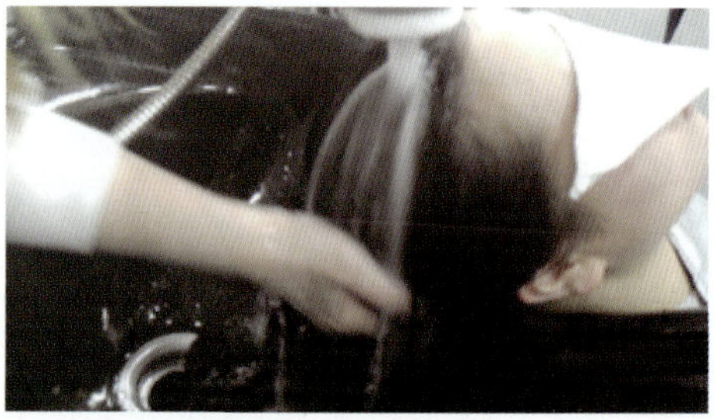

⑧ 고객에게 상쾌함을 줄 수 있도록 수압을 통해 마사지 하듯 헹궈낸다.

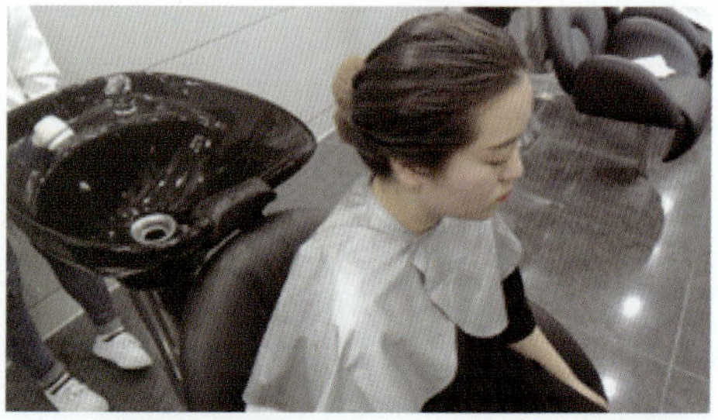

⑨ 린스의 잔여물이 남지 않도록 꼼꼼하게 헹궈낸 후 마무리 한다.

요점정리

01 샴푸는 모발의 오염 물질인 때(hair soil), 먼지, 땀, 비듬, 헤어 스타일링 제품 등을 제거하고 두피 마사지 등으로 피로와 긴장을 해소시킨다. 또한 혈액순환을 원활하게 하고 모근을 강화시키며, 오염 물질을 제거한다. 적당한 자극을 주어 모발의 육성을 촉진하며 청결과 상쾌함을 유지시켜 모발 손질을 효과적으로 실시할 수 있게 해준다.

02 샴푸의 종류는 크게 5가지로 나누어진다. 플레인 샴푸(plain Shampoo)는 가장 일반적인 샴푸이며, 손상모에 적합한 스페셜 샴푸(Special Shampoo)가 있으며, 치료가 필요할 때 사용되는 토닉 샴푸(Tonic Shampoo) 또한 특수한 목적에 따라 사용되는 드라이 샴푸(Dry Shampoo)가 있으며, 모발이나 두피를 건강하게 유지하는 것을 목적으로 하는 트리트먼트 샴푸가 있다.

03 샴푸제의 성분 중 계면활성제는 유화, 분산, 습윤, 가용화, 기포화 등으로 각기 그 목적에 따라 작용하여 클렌징 시킨다.

04 계면활성제의 종류는 역성비누에 사용되는 양이온성 계면활성제, 샴푸나 비누에 사용되는 음이온성 계면활성제, 화장품의 유화제로 사용되는 비이온성 계면활성제, 베이비샴푸에 사용되는 비이온성 계면활성제가 있다.

05 린스는 모발의 엉킴을 방지하고 건조를 예방하며, 대전(帶電) 방지에 효과적이고 모발에 윤기를 부여하며, 모발에 보호막을 형성시켜 수분과 영양 공급에 도움을 준다.

06 린스의 성분은 콜라겐, 엘라스틴과 같은 보습제, 습윤제, 유성 성분으로 수분 공급과 손상모에 대한 영양 공급, 모발의 탄력성을 준다.

07 린스제는 양이온 계면 활성제가 모발의 음이온과 결합하여 모발 표면에 얇은 피막을 형성해 정전기 발생을 방지하고 모발의 마찰 저항 감소 및 윤기를 부여하는 원리를 갖는다.

08 린스의 종류에는 일반적인 린스 방법으로 물로만 헹궈주는 플레인 린스, 두피의 살균 작용과 모발의 부드러움을 부여하는 유성 린스, 모발의 pH를 조절해주는 산성린스, 비듬 제거용이나 또는 두피의 질환을 낳게 해주는 효과가 있는 약용린스 등이 있다.

단원종합문제

01 다음 중 샴푸의 효과가 아닌 것은?

① 두피 마사지로 피로와 긴장 해소 ② 두피혈액 순환 촉진
③ 모근 강화 ④ 건조 예방

02 샴푸 종류 중 염모용으로 일시적인 염색효과가 있는 헤너샴푸를 말하는 것은?

① 컬러 샴푸 ② 브리치 샴푸
③ 산성 샴푸 ④ 토닉 샴푸

03 다음 중 계면활성제의 작용으로 바르지 않은 것은?

① 유화 ② 분산 ③ 건조 ④ 습윤

04 비이온 계면활성제의 설명이 아닌 것은?

① 수용액 중에서 이온화 되지 않는 계면활성제
② 물에 녹으면 이온화 되는 성질
③ 피부에 자극이 적음
④ 환자용 샴푸나 화장품 유화제에 사용

04 린스의 종류 중 화학시술 후 알칼리 성분을 중화시키며 pH를 조절해주는 역할을 하는 린스는?

① 산성 린스 ② 약용 린스
③ 플레인 린스 ④ 유성 린스

마무리 학습

고객의 두피·모발 유형에 맞는 샴푸 및 린스제를 선택하여 샴푸를 시술해보자

샴푸 시술과정

린스 시술 과정

주의해야 할 사항은 무엇이 있을까

평가

평가준거

- 평가자는 학습자가 수행 준거 및 평가 항목에 제시되어 있는 내용을 성공적으로 수행하였는지를 평가해야 한다.
- 평가자는 다음 사항을 평가해야 한다.

학습내용	평가항목	성취수준		
		상	중	하
샴푸제 선정	- 모발 상태와 관리방법에 따라 샴푸제를 선정하여 서비스 할 수 있다.			
기기와 기구 선정	- 모발 관리에 필요한 기기와 기구를 선택하여 사용할 수 있다.			
모발 관리	- 모발 상태와 관리방법에 따라 관리제품을 도포할 수 있다.			
모발 영양 공급	- 모발 유형별 유·수분 균형 조절과 영양공급을 위해 팩과 앰플을 사용할 수 있다.			

평가방법

- 서술형 시험

학습내용	평가항목	성취수준		
		상	중	하
샴푸제 선정	- 모발 상태와 관리방법에 따라 샴푸제를 선정에 대한 지식			
기기와 기구 선정	- 모발 관리에 필요한 기기와 기구를 선택에 대한 지식			
모발 관리	- 모발 상태와 관리방법에 따른 관리제품을 도포법에 관한 지식			
모발 영양 공급	- 모발 유형별 유·수분 균형 조절과 영양공급을 위해 팩과 앰플을 사용할 수 있능 지식			

평가자 체크리스트

학습내용	평가항목	성취수준		
		상	중	하
샴푸제 선정	- 모발 상태와 관리방법에 따라 샴푸제를 선정하여 서비스 할 수 있는 능력			
기기와 기구 선정	- 모발 관리에 필요한 기기와 기구를 선택하여 사용할 수 있는 능력			
모발 관리	- 모발 상태와 관리방법에 따라 관리제품을 도포할 수 있는 능력			
모발 영양 공급	- 모발 유형별 유·수분 균형 조절과 영양공급을 위해 팩과 앰플을 사용할 수 있는 능력			

피드백

1. 서술형 시험

- 모발 상태별 샴푸를 위한 학습 내용에 대해 서술형으로 질문하여 평가한 후 부족한 부분은 재시험을 보도록 한다.

2. 평가자 체크리스트

- 샴푸 및 린스 테크닉 전 과정을 시행하게 한 후 평가하고, 미흡한 부분에 대해서는 향상 학습을 통해 재평가를 받을 수 있도록 한다.

학습내용 구분		평가항목	평가수준				
			매우미흡	미흡	보통	우수	매우우수
사전준비			①	②	③	④	⑤
이해정도	샴푸제 선정	- 모발 상태와 관리방법에 따라 샴푸제를 선정하여 서비스 할 수 있는 능력					
	기기와 기구 선정	- 모발 관리에 필요한 기기와 기구를 선택하여 사용할 수 있는 능력					
수행능력	모발 관리	- 모발 상태와 관리방법에 따라 관리제품을 도포할 수 있는 능력					
수행결과	모발 영양 공급	- 모발 유형별 유·수분 균형 조절과 영양공급을 위해 팩과 앰플을 사용할 수 있는 능력					

읽을거리 뜨거운 여름, 건강한 모발을 위한 지침

1. 자외선을 막자

두피도 피부이기 때문에 자외선에 오랫동안 노출되면 세포조직에 손상을 입게 된다. 심하면 염증이 생기고 탈모까지 발생된다. 또한 지속적인 자외선 노출은 수분을 빼앗고 단백질을 파괴해 모발이 푸석해지는 등의 트러블을 유발한다. 따라서 여름철 야외활동을 할 때는 반드시 모자를 착용해주거나 자외선 차단기능이 있는 제품 등을 발라주어 두피와 모발을 보호해야 한다.

2. 깨끗이 씻자

여름철에는 땀과 피지의 분비량이 증가하는 만큼 세정에 많은 신경을 써야한다. 특히 물놀이응 다녀온 후에는 더욱 신경을 써줘야 한다. 바닷물의 염분이 모발을 뻣뻣하게 만들기 때문이다. 수영장도 마찬가지로 수영장의 알칼리성분이 모발을 팽창시켜 모발의 단백질이 유출될 수 있으며 탈색될 우려도 있다. 따라서 물놀이 후에는 반드시 미지근한 물로 깨끗이 샴푸하여 헹궈내는 것이 좋다.

3. 채워주고 코팅하자

여름철에는 모발이 쉽게 건조해지므로 갈라짐이 심하여 모발에 구멍이 생기고 이를 통해 모발의 단백질등의 영양분이 빠져나오게 된다. 이를 다공성모라 불리는데 다공성모에 영양분을 채워넣어주고 더 이상 빠져나오지 못하게 코팅을 해주는 것이 매우 중요하다. 여름철 특히 모발의 보습관리를 위해 수분제품을 사용한 후 그 위에 오일을 덧발라주는 것이 효과적이다.

4. 두피를 시원하게 해주자

여름철에는 두피의 온도가 높아짐으로써 빨갛게 달아오르거나 가려움, 홍반 등 염증을 유발할 수 있기 때문에 얼음찜질이나 쿨링 스프레이로 두피를 진정시키는 것이 좋다. 더불어 청량감을 줄 수 있는 페퍼민트성분이 함유된 샴푸나 두피전용 팩을 사용하여 두피의 열을 낮춰 두피 손상을 예방할 수 있도록 한다.

낱말풀이

〈가로열쇠〉

1. 엄지와 검지를 사용하여 집어 주듯이 주물러 주는 방법.
2. 혈을 생성하는 가장 기본적인 물질.
3. 오장 육부를 돌면서 에너지 즉, 기가 순환 하는 길.
4. 팔을 위로 올렸을 때 앞부분에 움푹 들어간 곳.
5. 후두골 바로 아래 목뼈의 끝. 경추 1번 밑.
6. 기는 인간 OOOO의 기초이다.
7. 손바닥을 이용해 피부조직에 진동을 전달해 근육이 뭉친곳을 풀어주는 방법.
8. 심장에서 혈액을 몸의 각 부분에 원심적으로 보내는 혈관.
9. 혈액을 생성하고 전신을 영양하며 장부 경락 피모근골에 영양을 제공하는 기.

〈세로열쇠〉

10. 경락의 각 지점이 신체의 표면에 모여 통과하는 부분.
11. 혈액의 구성성분이 되는 혈.
12. 후두부 모발선의 오목한 곳.
13. 신장 정기가 혈액으로 OO하여 모발에 영양을 준다
14. 원기는 생명활동의 OOO으로 모발의 생성작용을 촉진시키는 기능을 한다.
15. 피부조직을 두드려 주는 것으로 손바닥이나 주먹 등을 이용하여 근육수축과 신경기능 조절에 효과가 있다.
16. 동맥계를 거쳐 몸을 순환한 혈액이 심장으로 되돌아가는 통로
17. 경맥 밖에서 끊임없이 운행하며 면역기능과 한선의 조절기능을 하고, 모발의 온도와 영양의 작용을 담당하는 기.

3-2 모발 영양 공급

학습목표

- 모발 상태와 관리 방법에 따라 제품을 도포한 후 핸들링할 수 있다
- 모발 영양 공급과 유·수분 균형 조절을 위해 팩과 앰플을 사용할 수 있다.
- 모발 관리에 필요한 기기와 기구를 선택하여 사용할 수 있다.

필요 지식

1 모발 손상

반복되는 환경 노출과 화학적인 시술에 의해서 모발은 물리「화학적으로 구조가 변화하는 것을 '풍화'현상이라 한다.

정상 성인 두피의 성장기 상태에 있는 모발의 풍화 현상은 큐티클 층에서부터 큐티클 세포들이 박리되면서 진행된다. 초기 과정은 큐티클세포의 세포지에 구멍을 형성하면서 세포막사이복합체가 분리된다. 이어서 큐티클이 계속해서 밀어져 나간 후 피질이 노출되면서 풍화현상이 가속화된다.

정상 모발의 모근부에서부터 모간 끝 부분까지를 관찰해보면, 모발 표면 구조가 점진적으로 퇴화되는 현상을 나타내는데 비늘의 가장자리가 뾰족해지고, 들떠지면서 부분적인 마모 현상이나 완전한 마모가 일어나서 피질섬유가 찢어진다. 큐티클이 벗겨지게 되면 거대원섬유로 구성된 피질이 찢어지게 되고 커다란 손상을 받게 된다. 모발손상의 원인은 다음과 같다.

1. 물리적 요인에 의한 손상

마찰에 의한 모표피의 들뜸과 탈락, 커트 불량에 의한 모발 끝의 갈라짐, 잦은 열기구 사용으로 인한 시스틴 함량의 저하, 이상 모발 변성, 다공성 모발 등의 상태이다.

2. 화학적 요인에 의한 손상

파마, 염색, 탈색 시술에 의한 시스틴 함량의 저하, 모표피 손실, 열모, 지모, 멜라닌 색소의 퇴색 등이 나타난다.

3. 환경적 요인에 의한 손상

자외선, 수영장이나 바닷물, 공기 오염 및 건조한 기후에 의해서 모발의 광택이 감소하고 변성이 일어나며 다공성 모발과 건조한 모발이 된다.

4. 생리적 요인에 의한 손상

스트레스, 호르몬의 불균형, 영양소 결핍 등으로 모발 성장이 저해되어 모발이 가늘어지고, 모발의 형태 변화가 일어나며 탈모가 유발된다.

모발의 손상 원인에 따른 분류와 모발 상태

분류	손상원인	모발 상태
물리적 요인	마찰	모표피층의 들뜸과 탈락
	커트도구	모발 끝의 갈라짐
	잦은 열기구	시스틴 함량의 저하, 이상 모발 변성, 다공성모, 건성모 모표피 손실
화학적요인	퍼머넌트·염·탈색 시술	시스틴 함량 저하, 모표피 손실, 열모, 지모, 멜라닌 색소의 퇴색
	과도한 헤어 스타일링제의 사용	모발 광택 감소, 모발변성
환경적요인	자외선 노출	모발 광택 감소, 거칠어짐
	실내 수영장 물이나 바닷물	모발촉감과 광택 감소, 모발 변성
	대기오염이나 건조한 기후	모발촉감과 광택 감소, 다공성모, 건성모
생리적요인	스트레스	모발성장주기 악영향과 모발의 형태 변화 및 탈모 유발
	호르몬 불균형	남성호르몬 : 체모성장, 모발성장 억제 여성호르몬 : 모발성장, 체모성장억제 갑상선 호르몬 : 과다하면 모발이 가늘어지고 결핍되면 모발 건조
	영양소 결핍	모발의 생장 저해

2 헤어트리트먼트

트리트먼트의 사전적인 의미는 '치유, 처치, 치료' 등을 뜻하나 미용 분야에서는 크게 영양공급의 의미로 받아들여지고 있다. 모발 트리트먼트는 열모, 절모, 지모 등의 손상된 모발을 어느 정도 정상적으로 만들어주는 헤어 리컨디셔닝의 의미는 물론 손상된 모발을 커트하는 헤어 클리핑의 뜻까지 포괄적인 의미를 갖고 있다.

건강한 모발일지라도 퍼머, 염색 등 화학적인 적용과 샴푸, 샴푸 조작의 불량, 드라이 어의 열, 빗질, 자외선, 대기오염 등으로 인해 모발내의 간충물질이 빠져나가 다공성이 되어 탄력과 윤기가 없어지고 그대로 방치해 두면 더욱 손상되어 갈라지거나 끊어진다. 이와 같이 손상으로 생기는 모발의 변화는 일시적인 현상이 아니라 지속적으로 일어나고 있는 변화이기 때문에 트리트먼트의 개념도 일시적인 치유가 아닌 지속적인 관리의 개념이 되어야 하여, 한번 손상된 모발은 스스로 회복을 하지 못하기 때문에 손상을 미리 방지하는 것과, 건강한 모발을 유지해 주는 효과가 있어야 한다.

모발 트리트먼트는 손상된 모발과 건강한 모발에 수분과 유분을 보급하고 광택과 활력, 유연성을 주어 빗질이 잘되게 하여야 하고 모발과 친화력이 있어 내부 케라틴과 결합하여 손상을 방지 할 수 있어야 한다. 또한 정전기 발생을 억제, 방지하는 효과가 있어야 하며 모발의 표면을 보호하여 윤기를 주어야 하고, 모발의 물리적인 특성을 강화시켜줄 수 있어야 한다.

모발에 유분과 수분, 영양분을 공급하여 모발을 튼튼하게 유지하고 손상된 모발을 회복시키는 것이다. 주로 모피질층에 침투하여 작용하며 팩과 앰플 등이 있다.

1. 헤어트리트먼트제의 종류

헤어 트리트먼트제에는 그 사용목적, 사용방법, 형상에 따라 몇 가지 종류가 있다. 사용목적에 따른 분류를 보면 일상적으로 모발을 손질할 때 바르는 트리트먼트제, 손상된 모발을 회복시켜 주는 트리트먼트제, 파마나 염색 시술을 할 때 화학제품으로부터 모발을 보호하기 위한 사전 처리제로서 모구조 보수제, 일광의 자외선에 의한 모발의 단백이이나 염색모의 퇴색을 방지하기 위한 자외선 흡수제 등을 배합한 트리트먼트제가 있다.

1) 팩

크림 타입이라고도 하며 일반적으로 가장 넓게 사용한다. 손상 정도에 따라 시간이나 열처리를 달리하여 사용할 수 있다.

2) 앰플

폴리펩타이드를 고농도로 배합한 것으로 가늘고 손상된 모발에 힘이나 탄력을 주는 것으로 파마나 염색을 할 때 전처리용으로 사용된다.

3) 기타

세라마이드, 히알루론산, 한방추출물, 아로마 오일, 부식물 추출물 등이 헤어 트리트먼트제에 사용 된다

2. 헤어트리트먼트의 성분

일반적으로 헤어 트리트먼트제는 실리콘 오일, 아미노산, 저분자·고분자의 이온성 물질, 양이온 계면 활성제, 습윤제 등이 혼합되어 있다.

1) 저분자(LPP) 트리트먼트

저분자 LPP는 분자량이 작기 때문에 모발 내부로의 침투율이 좋아 주로 트리트먼트 등에 사용되고, 모발 깊이 침투하는 트리트먼트로 방치 시간이 필요하며 열처리할 경우에 침투 속도가 증가한다.

2) 고분자(PPT) 트리트먼트

PPT는 폴리펩타이드(polypeptide)의 약자로 아미노산들이 마치 쇄사슬처럼 역여 있는 구조를 이루고 있다. PPT는 분자량이 매우 큰 것부터 작은 것까지 여러 가지 종류가 있다. 고분자 PPT는 분자량이 커서 내부로의 침투보다는 모발 큐티클을 강화시키는 역할에 더 좋으며, 정발제나 모발 외부를 강화시키는 제품에 사용되는 성분으로 모발표면에 강하게 흡착작용하며 방치 시간이 길게 필요하지 않다.

단백질의 분자량에 따른 분류

	분자량	침투율	사용도
PPT	크다	나쁘다	정발제, 모발 외부 강화제
LPP	작다	좋다	트리트먼트제

3. 일상생활 속의 헤어트리트먼트

1) 브러싱

강하고 과도한 브러싱을 하게 되면 모표피가 손상될 수 있으므로 부드럽고 적당한 브러싱을 해야 한다. 때문에 브러싱을 할 때에 에어졸 타입이나 가벼운 액상타입의 헤어 리퀴드제나 트미트먼트제를 미리 도포하여 시술하면 모발이 엉키지 않고 정전기도 방지할 수 있다.

2) 블로 드라이

블로 드라이(blow dry) 시술 시에는 고온에서의 모발 단백질이 변성되거나 건조될 수 있기 때문에 드라이의 온도조절과 드라이어의 거리를 적당히 유지해 주는 것이 좋다.

3) 펌 웨이브 또는 염색모발의 관리

펌 웨이브 또는 염색모발은 모두 화학약품에 의해 모발이 자극을 받은 상태이므로 시술 후의 관리가 반드시 필요하다. 따라서 트리트먼트제로는 약산성제제가 좋으며, 또한 폴리펩티드가 함유되어 있어 손상된 부위에 흡수가 잘 되는 액상타입의 제품이 적당하고, 모발도 젖은 상태보다 건조한 상태로 유지하는 게 좋다.

4) 샴푸

모발의 손상은 의외로 샴푸로 인한 것이 많이 발견된다. 손상의 원인들로는 샴푸물의 온도, 샴푸제의 양, 샴푸동작, 헹굼 정도와 같은 샴푸시술에 의한 원인 외에도 샴푸 후 모발을 건조하는 방식에 따라서도 모발손상의 원인을 발견할 수 있다. 즉 샴푸 후 자연 건조시키는 것이 가장 좋은 방법이겠지만 타월 드라이가 제대로 되지 않은 젖은 모발을 장시간 헤어드라이어로 급하게 건조시킨다면 모발은 매우 건조해지는 현상을 나타낼 수 있다. 따라서 샴푸 후 충분한 타월 드라이로 모발을 건조시켜 모발자체의 수분을 지킬 수 있도록 하는 것이 모발관리에 적합하다.

5) 강한 자외선, 바닷물 및 소독용 약품에 의한 손상

여름철 강한 자외선, 바닷물의 염분 또는 바닷바람 그리고 수영장과 같은 공공시설에 사용되는 소독용 약품은 모발을 거칠게 하고 윤기를 잃게 한다. 때문에 위와 같은 요인에 노출되었을 때 에는 모발에 이들 성분이 남아 있지 않도록 깨끗하게 샴푸한 후 충분한 모발 관리를 해주어야 한다.

3 헤어트리트먼트 기기

1. 미스트기

수증기보다 작은 미세한 입자인 오존이 모표피를 통과해서 모발 내부에 수분과 영양분을 공급하여 손상된 모발을 관리해 준다. 두피용 미스트기보다는 입자가 크다.

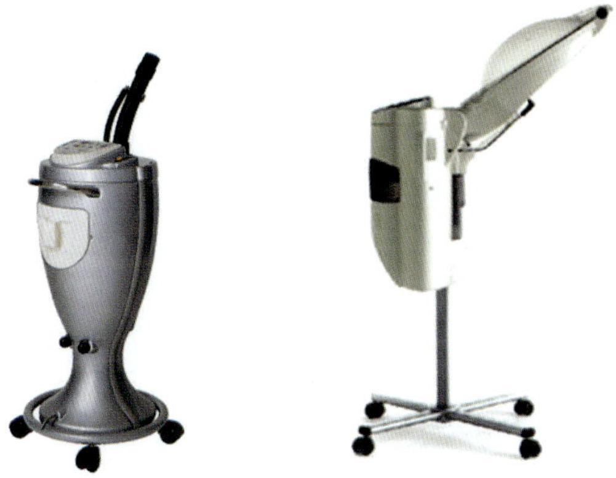

그림 3-1 I 미스트기

2. 열기구(롤러 볼)

트리트먼트제 도포 후 비닐 캡을 씌우고 열처리를 할 경우 사용한다.

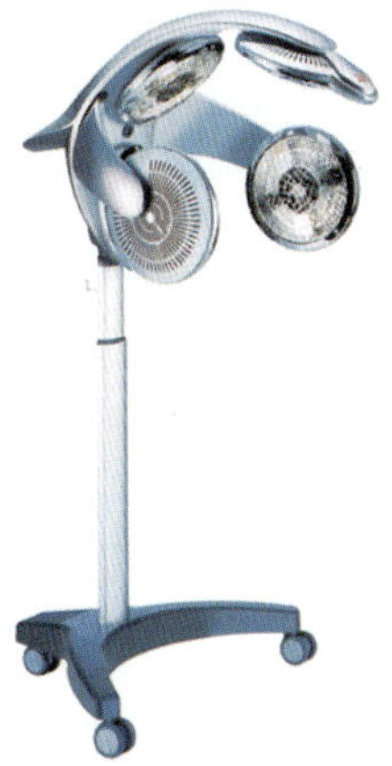

그림 3-2 I 열기구

3. 오존(O_3)발생기

모발의 큐티클 층을 깊숙이 침투할 수 있는 3um 이하의 미세한 수분 입자, 즉 미스트(mist)를 만들어 모발 내부 깊숙이 수분과 영양분을 공급함으로써 손상된 모발을 복원시켜주며, 오존의 역할로 빠른 중화(산화)작용을 촉진시키는 것은 물론 파마와 염색 시 모발에 남아 있는 알칼리 성분을 제거하고, 남아 있는 약품냄새를 완전히 제거하며, 비듬제거 및 탈모예방에 탁월한 효과를 준다.

4. 모발 진단기

두피 진단기와 같이 사용을 하며 렌즈 비율에 따라 모발의 상태를 진단할 수 있는 기기로 모발의 손상도를 확인할 수 있는 효과가 있다.

그림 3-3 I 두피 모발 진단기

5. 크리닉 매직기

매직기의 온도가 저온이나 냉으로 설정되어 있거나 시술 시 열과 수분으로 크리닉제나 염색, 매직약 등을 도포하고 시술하면 모발의 큐티클을 보호하고 도와 모발 속에 약제의 흡수와 안착을 도와주는 효과가 있다.

수행 내용 모발 영양 공급하기

수행재료 및 기기

재료	기기
· 팩, 트리트먼트제, 앰플 · 볼, 공병 · 브러시 · 타월 · 비닐캡	· 헤어 미스트기 · 크리닉 매직기 · 미용 의자 · 웨건 · 샴푸 · 열기구(롤러 볼)

안전 · 유의사항

· 두피에 많이 묻지 않도록 주의한다.

수행 순서 및 방법

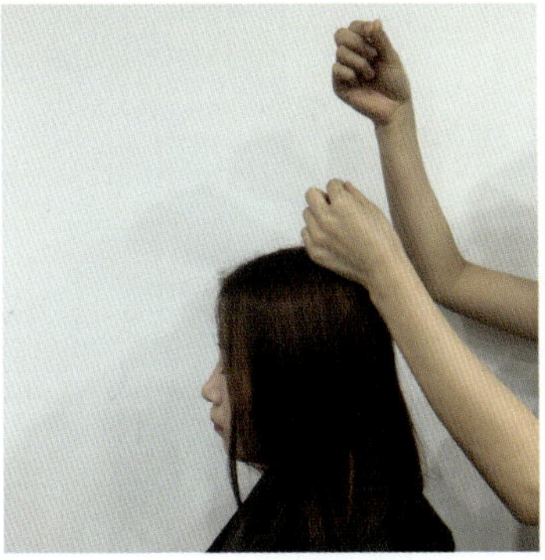

① 상담을 끝내고 모발 스트렌드테스트와 물 분무, 인장강도 테스트 등을 이용해서 모발 진단을 한다.

② 블로킹을 크게 4등분하여 단백질 트리트먼트 샴푸제를 모발에 도포해준다.

 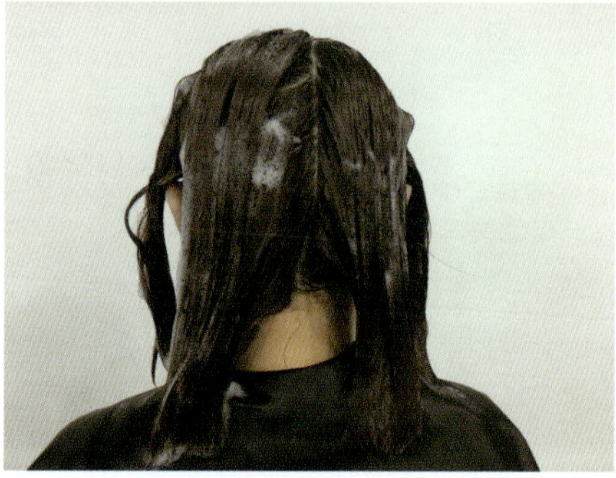

③ 섹션을 떠서 샴푸제를 도포한 상태이다.

④ 단백질 샴푸제가 큐티클 안으로 침투할 수 있도록 큐티클 역 방향으로 마사지 해준다.(이때 큐티클이 일어나지 않도록 노텐션으로 마사지한다.)

 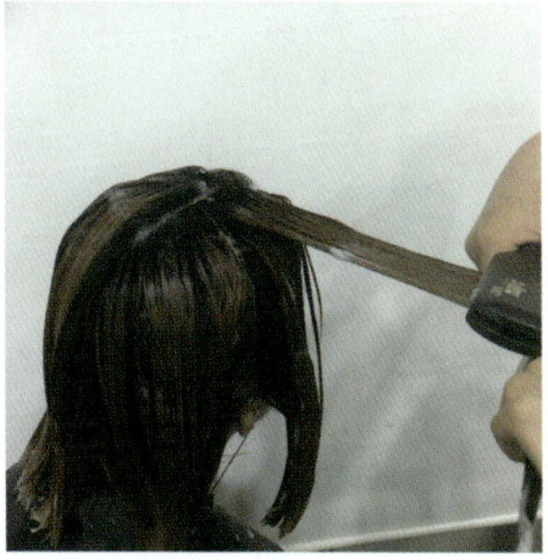

⑤ 마사지가 끝난 후 매직기 60도를 이용해서 단백질을 응고시켜 주는 작업을 한다.(단밸질은 열을 가하면 응고 되는 성질이 있다. 특히 가는 모발에 매직기를 이용하면 모발 전체에 골고루 열을 가할 수 있기 때문에 롤러볼을 이용하는 것보다 효과가 좋다. 모발의 단백질은 열변성의 성질이 있기 때문에 매직기의 온도를 60도 이하로 하는 것이 좋아.)

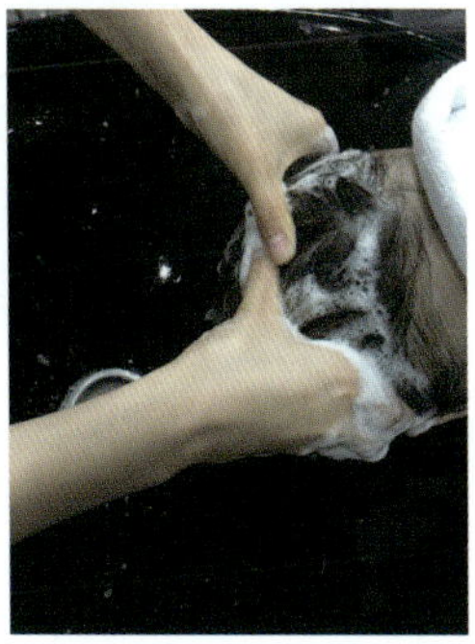 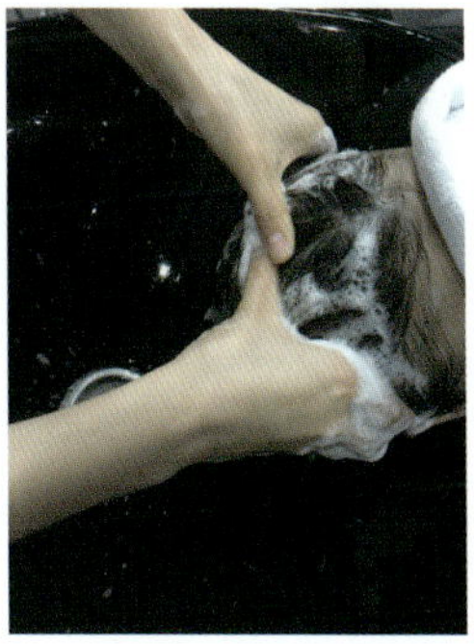

⑥ 매직기 작업이 끝나면 고객을 샴푸대로 안내하고 충분히 거품을 내서서 양쪽의 엄지를 서로 교차시켜 두피를 세정해 준다.

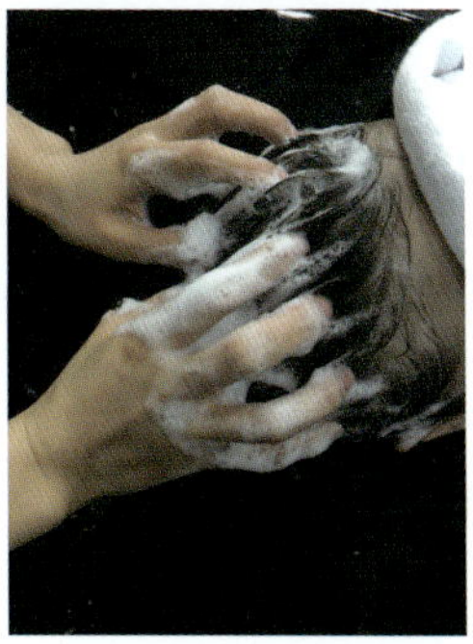 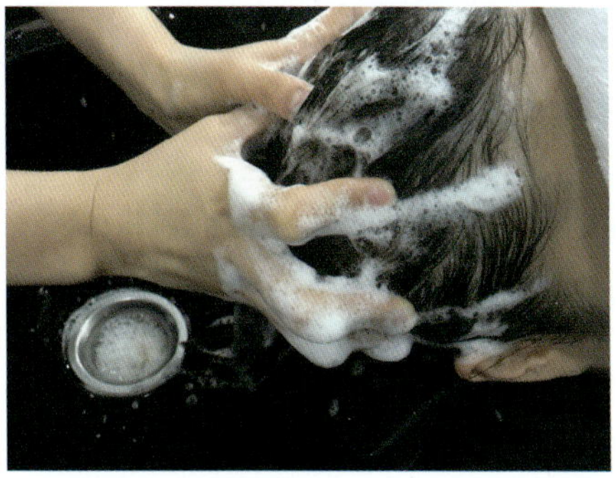

⑦ 양손의 지문을 이용해서 두피를 전제적으로 지압해 준다.

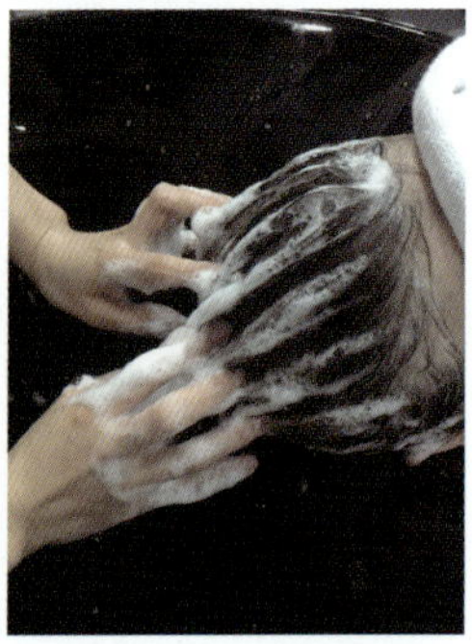

⑧ 모발을 양손을 이용해서 부드럽게 빗질해 준다.

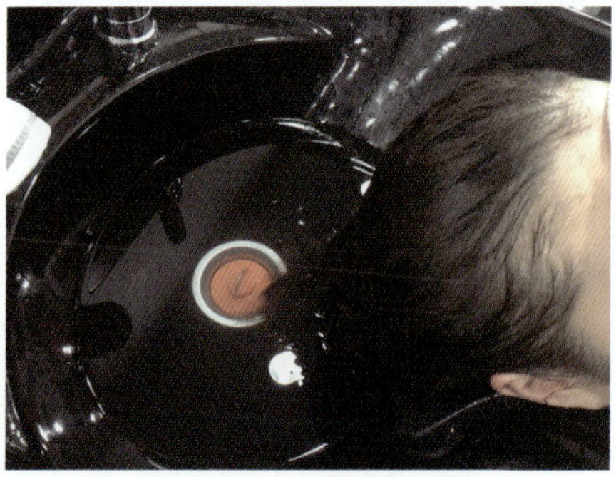

⑨ 샴푸제를 깨끗하게 헹궈내고 샴푸내에 미온수를 받는다.

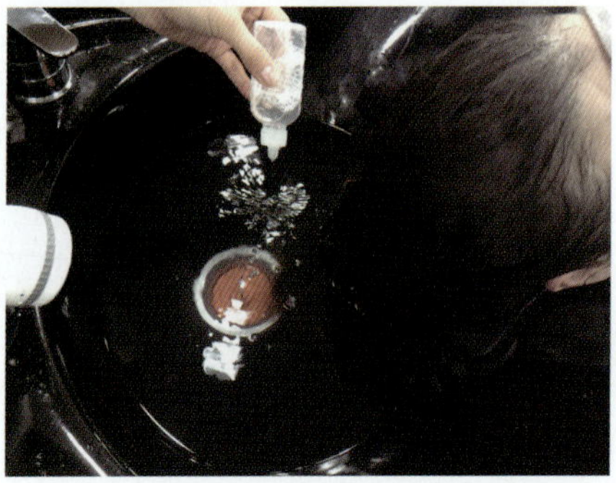

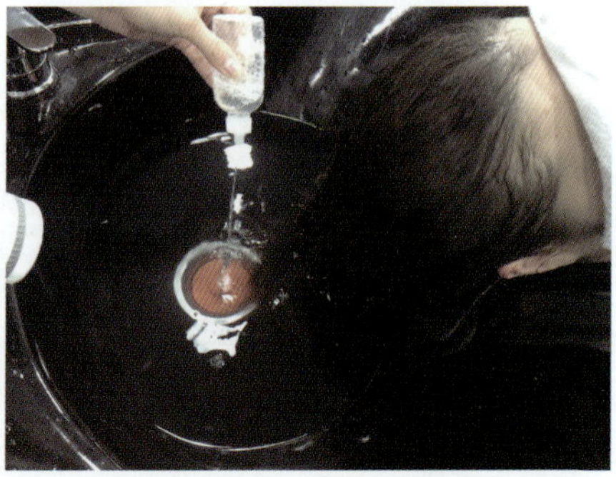

⑩ 액상타입의 단백질 트리트먼트제를 물이 받아진 샴푸대에 넣어준다.
(린산이나 구연산이 포함되어 있는 단백질 트리트먼트제는 샴푸 시 빠른 흡수력으로 알칼리 화된 모발의 pH를 약산성으로 돌려줘 모발을 힘있고 윤기나게 해준다.)

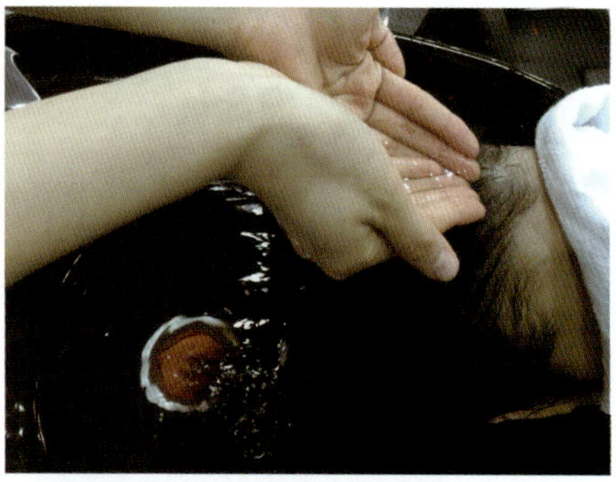

⑪ 단백질 트리트먼트제가 섞여진 미온수를 모발에 뿌려주며 마사지 해준다.

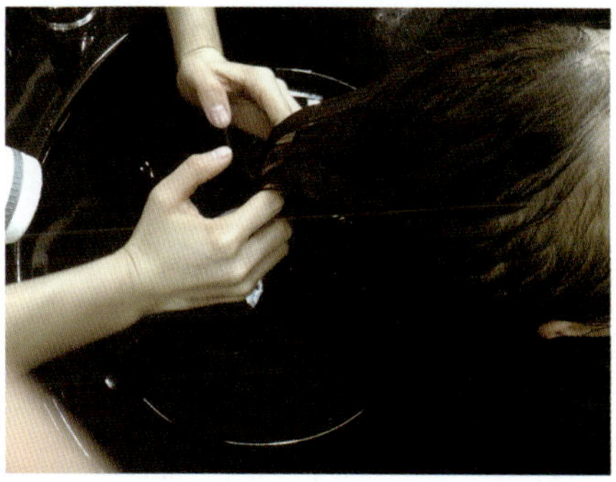

⑫ 단백질 트리트먼트제가 섞여진 미온수를 모발에 뿌려주며 마사지 해준다.

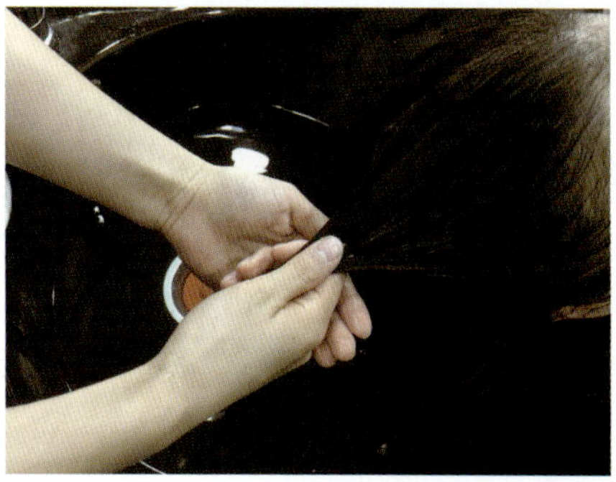

⑬ 빗질된 모발을 크게 섹션을 나누어 트리트먼트제가 큐티클 안으로 침투할 수 있도록 큐티클 역 방향으로 마사지 해준다.(이때 큐티클이 일어나지 않도록 힘을 뺀 상태로 마사지 한다.)

 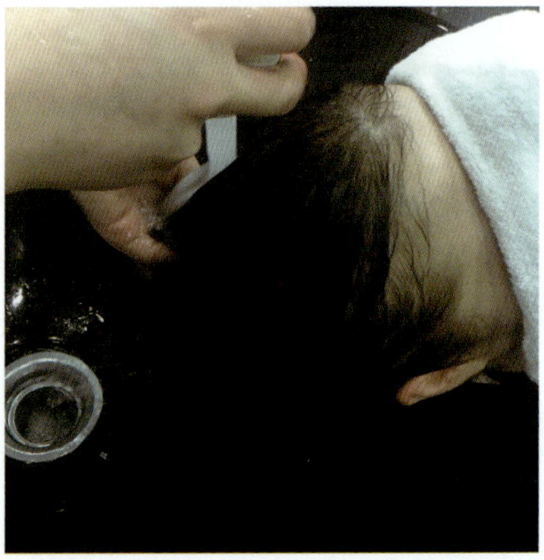

⑭ 두피와 모발을 깨끗하게 헹궈 낸 후 트리트먼트제나 린스 작업을 하고 마무리 한다.

요점정리

01 모발의 손상은 모발 비늘의 가장자리가 뾰족해지고 들떠지면서 부분적인 마모 현상이나 완전한 마모가 일어나서 피질섬유가 찢어지고 큐티클이 벗겨지게 되면 거대원섬유로 구성된 피질이 찢어지게 되는 현상을 말한다.

02 모발 손상의 요인은 마찰에 의한 물리적 요인에 의한 손상, 파마, 염색 등과 같은 화학적 요인에 의한 손상, 자외선, 바닷물 등과 같은 환경적 요인에 의한 손상, 스트레스, 호르몬 불균형 등의 생리적 요인에 의한 손상이 있다.

03 손상으로 생기는 모발의 변화는 일시적인 현상이 아니라 지속적으로 일어나고 있는 변화이기 때문에 트리트먼트의 개념도 일시적인 치유가 아닌 지속적인 관리의 개념이 되어야 하며, 한번 손상된 모발은 스스로 회복을 하지 못하기 때문에 손상을 미리 방지하는 것과 건강한 모발을 유지해 주는 효과가 있어야 한다.

04 헤어트리트먼트는 열모, 절모, 지모 등의 손상된 모발을 어느 정도 정상적으로 만들어주는 헤어 리컨디셔닝의 의미는 물론 손상된 모발을 커트하는 헤어 클리핑의 뜻까지 포괄적인 의미를 갖고 있다.

05 헤어트리트먼트제의 종류는 그 사용목적, 사용방법, 형상에 따라 종류가 매우 다양하며 팩, 앰플 등이 있다.

06 헤어트리트먼트의 성분은 저분자인 LPP와 고분자인 PPT로 나뉜다.

07 일상생활 속에서도 헤어트리트먼트가 가능하다. 브러싱을 할때는 부드럽고 적당한 힘을 가하고 블로 드라이 시술 시 고온에서는 모발 손상을 초래하므로 적당한 온도와 거리유지를 해주며, 펌, 염색 등의 화학약품 시술에는 약산성제제의 트리트먼트제로 관리한다. 샴푸시에 적당한 샴푸제 양, 샴푸동작, 헹굼등을 적절히 하며, 충분한 타월 드라이로 모발을 건조시킨다. 또한 여름철 강한 자외선과 바닷물의 염분, 수영장에 사용되는 소독용 약품은 모발 손상을 초래하므로 깨끗하게 샴푸하도록 한다.

08 헤어트리트먼트에 사용되는 기기는 미스트기, 열기구, 오전발생기, 모발 진단기, 크리닉 매직기 등이 있다.

단원종합문제

01 모발 손상 요인이 아닌 것은?

① 물리적 요인 ② 화학적 요인
③ 생리적 요인 ④ 심리적 요인

02 헤어 트리트먼트 기기 중 수증기 보다 작은 입자인 오존이 나오는 것은?

① 스티머 ② 미스트기
③ 열기구 ④ 크리닉 매직기

03 고분자(PPT) 트리트먼트의 설명으로 올바르지 않은 것은?

① 아미노산들이 쇄사슬처럼 엮여 있다 ② 분자량이 크다
③ 침투율이 나쁘다 ④ 트리트먼트제로 사용된다

마무리 학습

모발 영양 공급하기를 수행하고 설명해보자

크리닉 매직기를 이용한 모발 영양 공급하기 방법

주의해야 할 사항은 무엇이 있을까

평가

평가준거

- 평가자는 학습자가 수행 준거 및 평가 항목에 제시되어 있는 내용을 성공적으로 수행하였는지를 평가해야 한다.
- 평가자는 다음 사항을 평가해야 한다.

학습내용	평가항목	성취수준		
		상	중	하
샴푸제 선정	- 모발 상태와 관리방법에 따라 샴푸제를 선정하여 서비스 할 수 있다.			
기기와 기구 선정	- 모발 관리에 필요한 기기와 기구를 선택하여 사용할 수 있다.			
모발 관리	- 모발 상태와 관리방법에 따라 관리제품을 도포할 수 있다.			
모발 영양 공급	- 모발 유형별 유·수분 균형 조절과 영양공급을 위해 팩과 앰플을 사용할 수 있다.			

평가방법

- 서술형 시험

학습내용	평가항목	성취수준		
		상	중	하
샴푸제 선정	- 모발 상태와 관리방법에 따라 샴푸제를 선정에 대한 지식			
기기와 기구 선정	- 모발 관리에 필요한 기기와 기구를 선택에 대한 지식			
모발 관리	- 모발 상태와 관리방법에 따른 관리제품을 도포법에 관한 지식			
모발 영양 공급	- 모발 유형별 유·수분 균형 조절과 영양공급을 위해 팩과 앰플을 사용할 수 있는 지식			

평가자 체크리스트

학습내용	평가항목	성취수준		
		상	중	하
샴푸제 선정	- 모발 상태와 관리방법에 따라 샴푸제를 선정하여 서비스 할 수 있는 능력			
기기와 기구 선정	- 모발 관리에 필요한 기기와 기구를 선택하여 사용할 수 있는 능력			
모발 관리	- 모발 상태와 관리방법에 따라 관리제품을 도포할 수 있는 능력			
모발 영양 공급	- 모발 유형별 유·수분 균형 조절과 영양공급을 위해 팩과 앰플을 사용할 수 있는 능력			

피드백

1. 서술형 시험

- 모발 상태별 샴푸를 위한 학습 내용에 대해 서술형으로 질문하여 평가한 후 부족한 부분은 재시험을 보도록 한다.

2. 평가자 체크리스트

- 샴푸 및 린스 테크닉 전 과정을 시행하게 한 후 평가하고, 미흡한 부분에 대해서는 향상 학습을 통해 재평가를 받을 수 있도록 한다.

학습내용 구분		평가항목	평가수준				
			매우미흡	미흡	보통	우수	매우우수
사전준비			①	②	③	④	⑤
이해정도	샴푸제 선정	- 모발 상태와 관리방법에 따라 샴푸제를 선정하여 서비스 할 수 있는 능력					
	기기와 기구 선정	- 모발 관리에 필요한 기기와 기구를 선택하여 사용할 수 있는 능력					
수행능력	모발 관리	- 모발 상태와 관리방법에 따라 관리제품을 도포할 수 있는 능력					
수행결과	모발 영양 공급	- 모발 유형별 유·수분 균형 조절과 영양공급을 위해 팩과 앰플을 사용할 수 있는 능력					

읽을거리 린스, 버리지 말고 활용하자!

오랫동안 쓰지 않고 방치된 린스는 여러 가지 용도로 활용할 수 있다.

1. 청소용

린스를 소량 뜨거운 물에 탄 후 찬물과 섞어 뿌리면서 청소하는 방법으로 화장실, 싱크대를 닦거나 환기구, 베란다, 복도를 물청소 할 때 매우 유용하다.

2. 유리세정

물기 있는 걸레에 린스를 묻혀 유리와 거울을 닦아준 후 마른 천이나 수건으로 마무리하면 얼룩과 티 없이 매끄러운 상태가 오랫동안 지속된다.

3. 정전기 방지

린스는 정전기 방지효과가 있어 먼지가 잘 일어나지 않고 은은하게 향이 난다. 린스 소량을 물과 섞어 분무기에 넣고 건조한 모발에 헤어 미스트 대신 뿌려주거나 빨지 않은 옷에 한번씩 뿌려주면 효과적이다.

4. 가전제품, 가구 광택

마른천에 린스를 묻혀 가전제품을 린스로 닦아내면 먼지 없이 깔끔해지고, 가구를 닦으면 군데군데 얼룩없이 깨끗한 광택을 유지할 수 있다.

5. 빨래

린스에는 섬유유연제와 같은 성분이 들어있어 빨래할 때 섬유유연제 대용으로 사용이 가능하다. 또한 스타킹이나 속옷 같은 손빨래에 린스를 사용하면 때가 잘 진다. 단, 아주 소량을 따뜻한 물에 잘 풀어서 사용해야 물 빠짐 현상을 막을 수 있다.

낱말풀이

〈가로열쇠〉

5. 음식물은 소화-OO-대사-배설의 과정을 거쳐 체내에 영양을 공급한다
6. 효소의 활성화 및 생식작용과 여러 호르몬의 생산에 관여하는 영양소
7. 지용성비타민의 하나로 불포화 지방산의 산화를 방지하고 두피의 혈액순환을 촉진시킨다. 계란 노른자, 땅콩 등에 함유
8. 원소기호 Na로 표시하며 세포의 물질대사기능에 중요한 역할을 하는 영양소
9. 1g당 9kcal의 열량을 내는 에너지 공급원
10. 원소기호 P로 표시하며 탄수화물과 지방의 대사에 관여하고 DNA, RNA와 같은 핵산의 구성성분

〈세로열쇠〉

1. 1g당 4kal의 열량을 내는 에너지 공급의 필수 영양소
2. 비타민C, B_1, B_2, B_6등의 총칭
3. 음식물은 소화-흡수-대사-OO의 과정을 거쳐 체내에 영양을 공급한다
4. 미네랄 중 하나로 체내 대사에서 생체 내 여러 효소의 활성제와 보조인자로 작용

4-1 두피 · 모발관리 마무리

학습목표

- 두피·모발 진단기를 사용하여 시술 전·후의 변화를 비교하여 고객에게 설명할 수 있다.
- 관리 종료 후 헤어스타일을 연출하여 마무리 할 수 있다.

필요 지식

1 헤어스타일 연출

두피 및 모발관리 후 제품이나 기구를 사용하여 수분과 광택을 부여하여 이미지에 맞게 자유롭게 연출한다.

연출방법으로는 피막을 형성하여 제품으로 마무리하는 방법과 드라이어 또는 아이론, 셋팅롤 등 기구로 마무할 수 있는 방법이 있다.

1. 제품을 이용한 마무리

헤어로션, 에센스, 액상 트리트먼트, 헤어스프레이, 왁스, 젤 등으로 제품을 이용하여 모발에 수분과 광택을 주거나 헤어스타일을 고정하는 헤어스프레이, 왁스, 젤 등의 제품의 고정력을 이용한 방법의 마무리 방법이 있다.

2. 기구·기기를 이용한 마무리

드라이어와 롤을 이용한 마무리, 아이론(플랫, 컬링)을 이용한 마무리, 기타 셋팅기나 기기를 이용한 마무리 등이 있다.

2 제품을 이용한 스타일 마무리

1. 제품의 주요성분

피마자유, 목랍, 올리브유, 동백유, 라놀린, 레진, 에탄올, 유연제, 계면활성제,글리세린, 라놀린 유도체, 에스텔, 콜라겐 폴리펩티드류, 비이온 계면활성제, 양이온 계면활성제, 지방산 비누, 알코올류, 지방산류 등

2. 고정력이 강한 제품

스타일링을 마무리 할 때 고정을 목적으로 사용하는 제품으로 모발에 세팅력이나 볼륨감을 부여할 때 사용한다. 헤어스프레이, 헤어 젤, 헤어 왁스, 헤어 무스 등이 있다.

1) 헤어 스프레이

고정력이 가장 강하고, 장시간 스타일링 유지를 하게 해주는 제품이다. 약 20cm거리를 두고 고르게 분사한다.

2) 헤어 젤

젖은 모발에 헤어 젤을 바르면 스타일링이 자연스러우며 강한 세팅력과 광택을 준다.

3) 헤어 왁스

성상에 따라 스프레이형, 스틱형, 크림형 등으로 나뉘며 세팅력의 강도에 따라 광택, 하드와 소프트 형상으로 나누어진다. 헤어 스타일링을 한 후 왁스를 손바닥으로 비벼 사용하며 모발의 끝처리와 방향성을 표현할 때 주로 많이 사용한다.

4) 헤어 무스

헤어 젤보다는 좀 더 소프트한 스타일링을 할 때 사용 되어지는 제품으로 웨이브 모발이나 좀 더 가벼운 스타일링을 할 때 사용한다. 손바닥에 적당량의 무스를 덜어서 손이나 브러시를 이용하여 스타일링 해 준다.

3. 광택 및 트리트먼트 제품

스타일링 시 모발에 보습과 영양을 제공하여 광택 및 트리트먼트 효과를 주는 제품으로 헤어 에센스, 헤어 에멀젼, 헤어 크림, 액상 트리트먼트 등이 있다.

1) 헤어 에센스

고분자 실리콘 성분이 모발에 영양을 공급하여 윤기와 탄력을 부여하는 제품으로 모발 코팅효과가 있으며 수분 증발을 억제함으로써 탄력을 준다.

모발 양이나 길이에 따라 1~2방울 손바닥을 서로 비벼서 모발이 손상된 곳에서부터 골고루 발라 준다. 이때 두피 가까이에 바르지 않는 것이 좋다.

2) 헤어 에멀젼

모발 손상을 막아주고 수분을 제공하여 모발을 부드럽고 엉키지 않게 하며 모발을 보호하는 효과가 있다.

에센스 사용 전에 수분이 약간 있는 상태에서 모발에 밀도나 길이에 따라 적당량을 도포하여 준다.

3) 헤어 크림

헤어 에멀젼 보다는 좀 더 점성이 더한 상태로 모발을 부드럽고 엉키지 않게 하며 보호해 주는 효과가 있다. 보통 헤어크림은 모발에 바른 후 손상된 정도에 따라 방치시간을 둔 후 헹구어주는 제품이 주로 많다.

4) 액상 트리트먼트(Liquid Type)

손상모를 보호하고 모발의 엉킴과 모표피의 보호막을 형성하여 빗질을 용이하게 하는 역할을 한다.

샴푸 후 모발이 젖은 상태에서 뿌려준 뒤 빗질하여 준다.

4. 세팅력 및 광택 제품

스타일링 시 모발에 세팅력이나 고정을 주고 동시에 광택효과를 주는 제품으로 헤어 왁스, 헤어 포마드 등이 있다.

1) 헤어 왁스

헤어 왁스는 형상에 따라 스틱 형, 크림 형, 스프레이 형으로 나뉜다. 스타일링을 완성 한 후 모발의 방향성과 끝처리에 사용되어지며 스타일링과 광택효과를 동시에 얻는 효과가 있다

2) 헤어포마드

헤어 포마드는 기름같이 모발에 윤기와 고정효과를 주어 모발을 단정하고 윤기 나게 하는 효과가 있다.

3 기기·기구를 이용하여 마무리

1. 드라이어로 마무리

드라이어로 마무리 할 때는 모발을 시술자의 드라이어와 손으로 마무리하는 핸드드라이와 롤을 이용한 드라이어로 마무리하는 방법이 있다.

자연스러운 스타일을 연출하거나 마무리할 때 핸드드라이어 기법으로 마무리하며 가벼운 안 말음이나 겉말음, 자연스러운 웨이브를 할 때는 롤을 이용한 마무리 방법을 활용한다.

2. 아이론을 이용한 마무리

아이론(플랫, 컬링)을 이용한 마무리로 스타일링의 지속력을 높이고자 할 때 활용한다.

3. 기타 제품을 사용하여 마무리

전기 셋팅롤이나 셋팅 롤 등의 기구를 이용하여 마무리하는 방법이다.

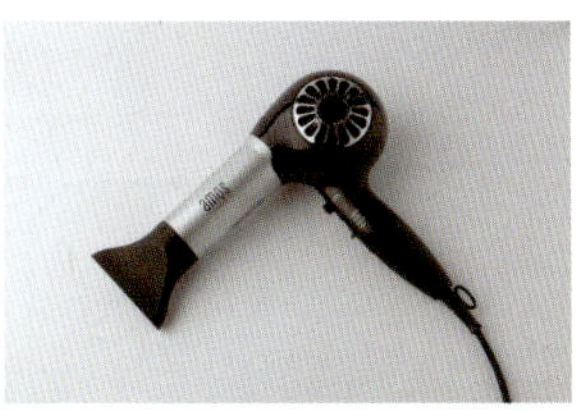

드라이어

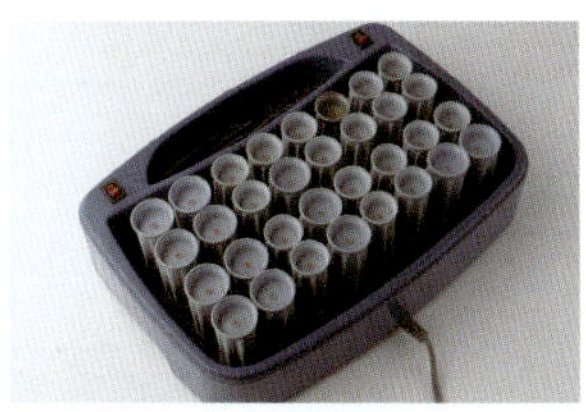

세팅기

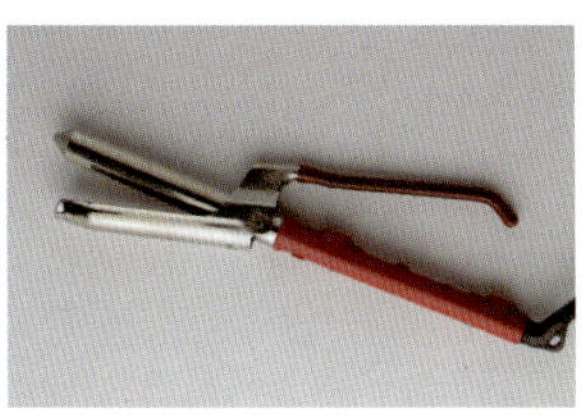

컬링 아이론(curling iron)

플랫 아이론(flat iron)

헤어스타일 마무리에 사용하는 기기 및 기구

수행 내용 두피 · 모발 관리 마무리하기

수행재료 및 기기

재료	기기
· 두피 유형별 헤어 스타일링 제품 · 꼬리 빗 · 각종 헤어브러시	· 두피·모발 진단기 · 헤어 드라이어 · 아이론

안전 · 유의사항

• 드라이어의 열로 인해 두피가 뜨거워지지 않도록 주의한다.

수행순서

1 진단기를 사용하여 관리 결과를 체크한다.

관리 전 후 비교 및 개선된 상태를 확인시켜 준다.

관리 전에 진단하였던 위치에서 관리 후에 개선된 상태를 촬영한 후 전·후 상태를 비교하여 개선된 상태를 확인시켜 비교하여 설명한다.

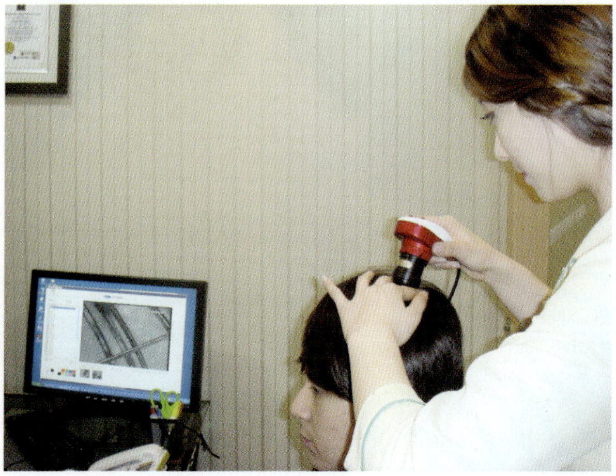

관리 전후 관리상태 비교 사진

수행 tip

- 관리 전·후를 비교 시 비듬이나 문제성이 많았던 곳을 체크한다.
- 두피를 수분이 남아 있지 않은 상태에서 체크한다.

2 관리 전·후의 차이점을 설명한다.

주로 모공상태와 피지나 비듬이 많았던 부위 위주로 체크하여 관리 전후의 차이점에 대하여 설명한다.

1회의 관리만으로 호전될 수 있는 부위도 있으나 1회 관리만으로 효과를 보기 어려우므로 꾸준한 관리의 필요성에 대하여 설명한다.

3 헤어 스타일링을 해 준다.

헤어드라이기로 모발을 말려 준 후 드라이기나 아이론 및 세팅기 등을 이용하여 가볍게 스타일링한 후 제품으로 마무리한다.

수행 tip

- 두피에 드라이기나 세팅기의 열이 닿지 않도록 마무리한다.
- 두피를 헤어스타일링 제품이 묻지않도록 한다.

요점정리

01 헤어스타일 연출은 모발관리 후 제품이나 기구를 사용하여 수분과 광택을 부여하여 이미지에 맞게 자유롭게 연출하는 것이다.

02 헤어스타일 연출방법으로는 피막을 형성하여 제품으로 마무리하는 방법과 드라이어 또는 아이론, 셋팅롤 등 기구로 마무리 할 수 있는 방법이 있다.

03 제품을 이용한 마무리는 헤어로션, 에센스, 액상 트리트먼트, 헤어스프레이, 왁스, 젤 등으로 제품을 이용하여 모발에 수분과 광택을 주거나 헤어스타일을 고정하는 헤어스프레이, 왁스, 젤 등의 제품의 고정력을 이용한 마무리방법이 있다.

04 기구를 이용한 마무리는 드라이어와 롤을 이용한 마무리, 아이론(플랫, 컬링)을 이용한 마무리, 기타 셋팅기나 기기를 이용한 마무리 등이 있다.

단원종합문제

01 헤어스타일 연출을 위한 제품 중 고정력이 강한 제품이 아닌 것은?

① 헤어 크림 ② 헤어 스프레이
③ 헤어 왁스 ④ 헤어 무스

02 다음에서 설명하는 헤어스타일 연출 제품은?

> 모발 손상을 막아주고 수분을 제공하여 모발을 부드럽고 엉키지 않게 하며 모발을 보호하는 효과가 있다.

① 헤어 크림 ② 헤어 에멀젼
③ 헤어 왁스 ④ 헤어 무스

03 두피·모발 관리 마무리 시술 시 드라이어로 마무리하는 방법에 대한 설명이 아닌 것은?

① 자연스러운 스타일 연출 ② 롤 브러시를 사용
③ 전기 셋팅 롤 사용 ④ 손으로 마무리

마무리 학습

헤어 드라이어를 사용하여 두피·모발관리 마무리하기를 해보고 설명해보자

헤어 드라이어를 사용한 두피·모발 관리 마무리 하는 방법

주의해야 할 사항은 무엇이 있을까

평가

평가준거

- 평가자는 학습자가 수행 준거 및 평가 항목에 제시되어 있는 내용을 성공적으로 수행하였는지를 평가해야 한다.
- 평가자는 다음 사항을 평가해야 한다.

학습내용	평가항목	성취수준		
		상	중	하
두피·모발분석	- 두피·모발 분석기를 사용하여 서비스 전·후의 변화를 비교하여 고객에게 설명할 수 있다.			
두피·모발관리 마무리	- 두피·모발 상태에 따라 관리에 적합한 제품을 사용하여 마무리 할 수 있다.			
	- 관리 종료 후 헤어스타일을 연출하여 마무리 할 수 있다.			
두피·모발관리 마무리 상담 및 기록	- 건강한 두피·모발 상태 유지를 위한 홈케어 방법을 고객에게 설명할 수 있다.			
	- 두피·모발 관리내용을 고객 차트에 기록할 수 있다.			

평가방법

- 서술형 시험

학습내용	평가항목	성취수준		
		상	중	하
두피·모발분석	- 두피·모발 분석기를 사용하여 서비스 전·후의 변화를 비교하여 고객에게 설명할 수 있는 지식			
두피·모발관리 마무리	- 두피·모발 상태에 따라 관리에 적합한 제품을 사용에 대한 지식			
	- 관리 종료 후 헤어스타일을 연출하는 지식			
두피·모발관리 마무리 상담 및 기록	- 건강한 두피·모발 상태 유지를 위한 홈케어 방법에 대한 지식			
	- 두피·모발 관리내용을 고객 차트에 기록하는 지식			

평가자 체크리스트

학습내용	평가항목	성취수준		
		상	중	하
두피·모발분석	- 두피·모발 분석기를 사용하여 서비스 전·후의 변화를 비교하여 고객에게 설명할 수 있는 능력			
두피·모발관리 마무리	- 두피·모발 상태에 따라 관리에 적합한 제품을 사용하여 마무리 할 수 있는 능력			
	- 관리 종료 후 헤어스타일을 연출하여 마무리 할 수 있는 능력			
두피·모발관리 마무리 상담 및 기록	- 건강한 두피·모발 상태 유지를 위한 홈케어 방법을 고객에게 설명할 수 있는 능력			
	- 두피·모발 관리내용을 고객 차트에 기록할 수 있는 능력			

피드백

1. 서술형 시험

- 두피 관리를 위한 학습 내용에 대해 서술형으로 질문하여 평가한 후 부족한 부분은 재시험을 보도록 한다.

2. 평가자 체크리스트

- 두피 관리 전 과정을 시행하게 한 후 평가하고, 미흡한 부분에 대해서는 향상 학습을 통해 재평가를 받을 수 있도록 한다..

<table>
<tr><th colspan="2" rowspan="2">학습내용 구분</th><th rowspan="2">평가항목</th><th colspan="5">평가수준</th></tr>
<tr><th>매우미흡</th><th>미흡</th><th>보통</th><th>우수</th><th>매우우수</th></tr>
<tr><td>사전준비</td><td></td><td></td><td>①</td><td>②</td><td>③</td><td>④</td><td>⑤</td></tr>
<tr><td>이해정도</td><td>두피·모발분석</td><td>- 두피·모발 분석기를 사용하여 서비스 전·후의 변화를 비교하여 고객에게 설명할 수 있는 능력</td><td></td><td></td><td></td><td></td><td></td></tr>
<tr><td rowspan="2">수행능력</td><td rowspan="2">두피·모발관리 마무리</td><td>- 두피·모발 상태에 따라 관리에 적합한 제품을 사용하여 마무리 할 수 있는 능력</td><td></td><td></td><td></td><td></td><td></td></tr>
<tr><td>- 관리 종료 후 헤어스타일을 연출하여 마무리 할 수 있는 능력</td><td></td><td></td><td></td><td></td><td></td></tr>
<tr><td rowspan="2">수행결과</td><td rowspan="2">두피·모발관리 마무리 상담 및 기록</td><td>- 건강한 두피·모발 상태 유지를 위한 홈케어 방법을 고객에게 설명할 수 있는 능력</td><td></td><td></td><td></td><td></td><td></td></tr>
<tr><td>- 두피·모발 관리내용을 고객 차트에 기록할 수 있는 능력</td><td></td><td></td><td></td><td></td><td></td></tr>
</table>

읽을거리 포마드(pomade)의 역사

매끄러운 헤어스타일 연출을 위해 사용하는 포마드 왁스는 2000년대 들어 남성뿐 아니라 여성들에게도 인기 있는 왁스로 꼽힌다. 포마드는 처음에 머리카락 뿐 아니라 크림과 같이 피부에 바르는 화장품이었다.

고대 그리스로마에서 돼지기름에 사과를 넣고 끓인 다음 향료를 섞어 머리에 바르는 화장품으로 과실나무를 라틴어로 'pomum' 이라는 데서 유래되었다.

1950년대 말 한국에서 남성들이 가장 많이 사용하였으며 1970년대 후반부터 장발이 유행하면서 점차 포마드의 사용이 줄어들게 되었다.

단정하게 가다듬고 포마드를 발라 빗어넘긴 헤어스타일은 기성세대의 상징이었고, 빗지 않고 휘날리는 헤어스타일은 새 세대의 상징이 되었다.

2000년대 이후로 다양한 헤어스타일이 등장하게 되면서 다시 포마드의 사용이 점차 증가하고 있으며 포마드스타일로 불리는 헤어스타일이 생겨나기도 하였다.

낱말풀이

〈세로열쇠〉

1. 두피의 OO 분비로 인해 탈락된 각질과 미생물의 번식으로 악취와 비듬, 가려움증을 동반하여 문제성 두피를 초래한다.
2. 브러시 형태의 유리관으로 고주파 교류전류를 발생하여 두피에 기생하고 있는 모낭충이나 세균 또는 곰팡이균 등을 살균시키고 비듬을 제거하는데 효과가 있는 기기.
3. 탄소봉을 이용한 광선으로 두피와 모발의 재생 및 피지 분비 조절과 혈액순환 촉진의 기능을 가진 기기.
4. 높은 수압을 이용하여 모공 속에 깊이 박혀있는 먼지 등의 이물질이나 각질을 제거해주는 기기.
5. OOO의 빛을 이용하여 두피의 활성화를 도와주고 온열효과가 있어 제품의 도포 시 흡수를 도와주는 기기.

〈가로열쇠〉

6. 두피 관리 시술의 마지막 단계로 두피 내에 도포하여 영양 흡수를 통해 두피에 활력을 주며 문제성 두피 예방 및 관리 목적으로 사용된다.
7. 스캘프 트리트먼트로 두피에 있는 땀, 때, 비듬, OO 등을 제거 할 수 있다.
8. 트리트먼트 중 고분자 실리콘, 휘발성의 유분이 주성분이며 가는 모발에 탄력과 강도를 주고 지모를 예방하는 타입.
9. 스케일링 시 미립자의 수증기를 이용하여 두피의 각질 및 이물질등을 부드럽게 연화하고 수분을 공급해주는 기기.
10. 두피의 문제점과 탈모의 진행 여부 및 정도, 모발의 굵기, 피지 및 각질의 양 등을 배율 렌즈를 사용하여 파악하는 기기.

4-2 홈케어 설명 및 제품 추천

학습목표

- 두피모발상태에 따라 관리에 적합한 제품을 사용하여 마무리할 수 있다.
- 건강한 두피·모발상태를 유지하기 위한 관리법을 설명할 수 있다.

필요 지식

1 홈케어의 필요성

두피관리는 일회성으로 끝나는 것이 아니라 지속적인 관리가 필요하므로 고객에게 지속적인 관리의 필요성을 인지시키고 홈케어의 중요성을 알린다.

2 홈케어로 사용할 수 있는 제품

기본적인 제품으로는 샴푸, 트리트먼트, 토닉, 앰플 등으로 구성되어져 있으며, 샴푸의 경우 고객에게 맞은 제품 및 올바른 샴푸 방법을 설명하고 사용하도록 권장한다.

트리트먼트의 경우 유·수분 공급으로 모발의 부드러움을 더하고 pH밸런스를 유지할 수 있도록 한다. 토닉은 두피의 pH 및 유·수분 밸런스를 유지하게 하는 제품으로 고객에게 사용방법을 자세히 설명해 준다. 마지막 앰플은 두피의 모근에 영양 공급을 하여 모발이 건강하게 잘 자랄 수 있도록 하는 제품으로 고객에게 맞는 앰플을 권하여 올바르게 사용하도록 한다.

3 생활 습관 및 영양

1. 올바른 식습관을 하도록 권장한다. 음주 및 흡연을 피하도록 한다.
   영양섭취를 잘 할 수 있도록 한다. 단백질 및 비타민 등 영양소를 골고루 섭취하도록 권장하고 기름지거나, 인스턴트 음식, 커피 등을 자제하도록 한다.
2. 주기적인 운동이나 스트레칭을 통해 혈액 순환이 잘 되도록 하게 한다.
3. 규칙적인 생활을 통해 스트레스 등을 해소하도록 하며, 숙면을 취하도록 권장한다.

수행 내용 홈케어 설명 및 제품 추천하기

수행재료 및 기기

재료	기기
· 두피 유형별 제품 설명서 · 고객 시술 카드 · 홈케어 용 두피관리 제품	· 미용의자 · 웨건

안전 · 유의사항

· 고객에게 관리법을 친절하게 설명하도록 한다.

수행 순서

1 고객 시술 카드를 체크한다.

두피·모발에 시행한 고객의 모든 시술을 체크한다.

2 홈케어 필요성 및 방법을 설명한다.

홈케어와 병행을 통해 효과적인 두피모발의 상승효과가 있음을 인지시키고 방법을 설명한다.

1. 정상두피

- 건강한 두피상태를 유지하도록 규칙적인 두피 스켈링을 시행한다.
- 저녁에 샴푸를 하도록 권한다.
- 컨디셔너제 사용 시 두피에 묻지 않도록 주의하고 두피와 모발을 완전히 말린 후 취침하도록 권한다.
- 모발 건강을 위한 주 1회 트리트먼트 시행한다.

- 모발에 유·수분 공급을 위한 헤어 에센스나 로션을 사용하게 한다.

2. 건성두피

- 건성두피용 샴푸제 사용하도록 한다.
- 드라이어나 고온으로 말리지 않도록 한다.
- 두피에 영양 및 유·수분 밸런스를 맞출 수 있는 제품을 사용하도록 한다.
- 강한 샴푸제 및 유분이 많은 헤어제품, 강한 알코올성분이 함유된 제품을 사용하지 않도록 한다.
- 샴푸 후 두피가 민감해지지 않도록 두피 진정용 토닉을 두피에 바르도록 한다.

3. 지성두피

- 하루에 한번 이상은 샴푸를 하여 청결을 유지하도록 한다.
- 염증이 있을 시 소염·진정작용을 하는 두피제품을 사용하도록 한다.
- 세정 및 피지조절 위주의 관리를 통해 두피를 너무 자극하여 악화되지 않도록 주의 시킨다.
- 염증 시 치료 후 관리하도록 권한다.
- 두피자체가 신진대사를 원활히 할 수 있도록 두피에 맞는 제품을 사용하도록 한다.

4. 민감성 두피

- 두피에 물리적·화학적 자극을 줄이도록 한다(펌, 염색 등).
- 스트레스로 인한 두피의 민감도를 줄이도록 한다.
- 혈액순환이 원활하도록 어깨, 목, 등의 근육을 풀어주는 운동을 권한다.
- 민감성 샴푸를 사용한다.
- 두피 민감의 원인을 파악하여 개선이 늦은 민감성 두피를 꾸준히 관리하도록 한다.

5. 지루성 두피

- 피지 분비량이 많으므로 아침·저녁으로 깨끗하게 샴푸한다.
- 적당한 운동을 통한 스트레스를 푼다.
- 균형 잡힌 식생활로 피지를 조절하는 B2, B6등이 풍부한 식품을 섭취하도록 한다.
- 진균이 많은 두피로 약용샴푸나 비듬성 샴푸를 사용하도록 한다.
- 화학적 자극이나 샴푸제로 두피에 자극을 줄 수 있으므로 가급적 자제하도록 한다.
- 증상이 심한 경우 전문의에게 치료를 받도록 한다.

6. 복합성 두피

- 두피와 모발에 맞는 샴푸제를 각각 따로 관리하도록 한다.
- 두피와 어깨, 목의 마사지를 통한 혈액순환이 되도록 한다.
- 잦은 펌이나 염색을 자제하고 헤어제품의 모발상태에 따라 적절한 제품을 사용하도록 한다.

7. 비듬성 두피

- 건성비듬

- 과도한 샴푸를 피하고 주 2~3회를 권한다.
- 지용성 비타민이 함유된 오일이나 크림을 사용하도록 한다.
- 두피 청결하게 하고 비듬전용 샴푸제를 사용하여 3분정도 방치 후 헹구어 내도록 한다.
- 약용샴푸 사용 시 증상이 호전됨에 따라 횟수를 줄여준다.
- 잦은 펌이나 염색 줄이고, 헤어제품의 사용 시 유·수분이 적절한 제품 사용을 권한다.
- 피지조절과 감염에 유의하도록 한다.

- 지성비듬

- 피지조절과 세균에 감염되지 않도록 비듬균의 증식억제를 위해 두피 살균소독을 하도록 한다.
- 두피에 영양을 공급하고 혈액순환 촉진을 위해 마사지를 병행하도록 한다.
- 샴푸 및 모발 관리 시 pH가 높은 제품이나 강한 알코올 성분의 제품을 피하도록 한다.

• 주 2회 두피 스켈링 시술을 권한다.

8. 탈모두피

• 어깨 및 두피 마사지를 자주 시행하여 혈액순환이 원활이 되도록 한다.
• 적절한 스켈링과 샴푸를 이용하여 두피의 노폐물을 제거하고 영양분의 흡수가 되도록 한다.
• 두피를 진정시켜주고 pH밸런스를 맞춰 주는 토닉 및 영양제를 도포하도록 한다.
• 식생활의 개선과 두피와 모발에 좋은 영양소를 충분하게 섭취하도록 하며, 지나치게 자극적인 음식과 인스턴트 식품, 술 , 담배 등을 자제하도록 한다.

수행 tip

· 신뢰감을 주는 설명이 필요하다.
· 식생활과 혈액순환의 원활하지 못함으로 인한 예가 많으므로 식생활개선과 혈액순환이 잘 이루어지도록 운동을 권하도록 한다.

3 홈케어 제품 사용 방법을 설명한다.

제품의 형태별로 사용을 하는 방법과 홈케어 할 수 있는 방법을 설명한다.

수행 tip

· 제품의 사용목적을 신뢰감있게 설명한다.
· 두피·모발 유형별 샴푸방법 및 제품별 사용 순서를 잘 설명한다. .

4 관리 일정을 점검하여 기록한다.

고객과 차후 날짜를 점검하여 일정을 정하여 기록한다.

요점정리

01 헤어 스타일에 따른 세팅력을 강하게 하는 헤어무스, 헤어스프레이, 헤어젤 등이 있다.

02 광택 및 트리트먼트가 우수한 제품에는 헤어에센스, 헤어 스무딩 크림, 액상 트리트먼트 등이 있다.

03 세팅력과 광택을 함께 부여하는 제품으로는 헤어왁스, 젤 왁스, 에센스 왁스 등이 있다.

04 진단기를 이용하여 시술전과 비교하여 피지와 각질이 많은 부위 위주로 체크하여 확인하여 관리 전·후 차이를 설명한다.

05 홈케어의 필요성을 설명하여 두피관리의 정확한 효과를 볼 수 있음을 설명한다.

06 고객의 모발상태에 맞는 홈케어 제품과 사용방법 등을 제시한다.

07 올바른 생활습관과 영양이 두피·모발 관리에 효과를 준다.

단원종합문제

01 헤어 스타일에 따른 세팅력을 강하게 하는 제품이 아닌것은 ?

① 헤어 무스 ② 헤어 스프레이
③ 헤어 에센스 ④ 헤어젤

02 광택 및 트리트먼트가 우수한 제품이 아닌 것은?

① 헤어 에센스 ② 액상 트리트먼트
③ 왁스 ④ 헤어 스무딩

03 세팅력과 광택을 함께 부여하는 제품이 아닌 것은?

① 헤어 왁스 ② 헤어 무스
③ 젤 왁스 ④ 에센스 왁스

마무리 학습

두피·모발 진단기를 사용하여 관리 결과를 체크하는 방법을 알아보자

두피·모발 진단 결과

두피 진단기를 통해 발견한 고객의 두피에 맞는 홈케어 방법

주의해야 할 사항은 무엇이 있을까

활동과제

관리 전·후 비교하고 제품 추천하기

-시술하기 전 두피상태와 시술 후 두피상태를 사진을 보고 비교 설명을 해보자.
-제품 추천해 보기 및 홈케어 설명하기

관리 전 사진	관리 후 사진

차이점 :

홈케어 및 제품 추천 :

과제활동

헤어스타일에 따른 스타일링을 수집하고 그에 따른 스타일링 제품 및 사용방법을 제시한다.

학번		이름	
사진		사진	
스타일링 제품 및 방법:		스타일링 제품 및 방법:	
사진		사진	
스타일링 제품 및 방법:		스타일링 제품 및 방법:	

평가

평가준거

- 평가자는 학습자가 수행 준거 및 평가 항목에 제시되어 있는 내용을 성공적으로 수행하였는지를 평가해야 한다.
- 평가자는 다음 사항을 평가해야 한다.

학습내용	평가항목	성취수준		
		상	중	하
두피·모발관리 마무리	- 두피·모발 진단기를 사용하여 시술 전후의 변화를 비교하여 고객에게 설명할 수 있다.			
	- 관리 종료 후 헤어스타일을 연출하여 마무리할 수 있다.			
홈케어 설명 및 제품 추천	- 두피·모발 상태에 따라 관리에 적합한 제품을 사용하여 마무리 할 수 있다.			
	- 건강한 두피·모발 상태 유지를 위한 관리법을 고객에게 설명할 수 있다.			

평가방법

- 서술형 시험

학습내용	평가항목	성취수준		
		상	중	하
두피·모발관리 마무리	- 두피·모발 진단기를 사용하여 시술 전후의 변화를 비교할 수 있는 지식			
	- 헤어스타일링 제품에 대한 지식			
홈케어 설명 및 제품 추천	- 두피·모발 상태에 따라 관리에 적합한 제품의 사용 지식			
	- 건강한 두피·모발 상태 유지를 위한 관리법을 고객에게 설명할 수 있는 지식			

평가자 체크리스트

학습내용	평가항목	성취수준		
		상	중	하
두피·모발관리 마무리	- 두피·모발 진단기를 사용하여 시술 전후의 변화를 비교할 수 있는 능력			
	- 헤어스타일링 제품에 대해 설명할 수 있는 능력			
홈케어 설명 및 제품 추천	- 두피·모발 상태에 따라 관리에 적합한 제품을 사용할 수 있는 능력			
	- 건강한 두피·모발 상태 유지를 위한 관리법을 고객에게 설명할 수 있는 능력			

피드백

1. 평가자 체크리스트

- 헤어 스타일링 제품의 성분 및 홈케어 관리법에 대해서 서술형으로 질문하여 평가한 후 부족한 부분은 재시험을 보도록 한다.

2. 평가자 체크리스트

- 두피 관리를 마무리하는 전 과정을 시행하게 한 후 체크하여 평가한 후 미흡한 부분에 대해 향상 학습을 통해 재평가를 받을 수 있도록 한다.

학습내용 구분		평가항목	평가수준				
			매우미흡	미흡	보통	우수	매우우수
사전준비			①	②	③	④	⑤
이해정도	두피·모발관리 마무리	- 두피·모발 진단기를 사용하여 시술 전후의 변화를 비교할 수 있는 능력					
수행능력		- 헤어스타일링 제품에 대해 설명할 수 있는 능력					
	홈케어 설명 및 제품 추천	- 두피·모발 상태에 따라 관리에 적합한 제품을 사용할 수 있는 능력					
수행결과		- 건강한 두피·모발 상태 유지를 위한 관리법을 고객에게 설명할 수 있는 능력					

읽을거리 헤어 컬러를 아름답고 오래 지속시키는 방법

1. 앰플과 트리트먼트를 사용한다.

모발 염색 전에 트리트먼트제를 사용하면 모발 내부를 인위적으로 채워주는 효과와 더불어 1레벨 정도 더 밝아지는 효과가 있다,

앰플을 모발에 바르고 염색해주면 색상이 더욱 선명하고 샴푸를 하더라도 색소가 빠져나가는 것을 막아 색상을 오래 지속시킬 수 있다.

2. 염색 전용 샴푸를 사용한다.

염색의 색상이 퇴색되는 원인 중 가장 큰 원인이 샴푸이다. 염색은 알칼리성이며 일반 샴푸도 마찬가지로 약 알칼리를 띈다. 따라서 염색 후 일반 샴푸로 샴푸하게 되면 모발이 팽창하면서 색소가 빠져나올 우려가 크다.

이때 염색 전용 샴푸를 사용하면 염색 효과를 더욱 오랫동안 유지시킬 수 있다. 염색전용샴푸는 양이온 성분이 모발에 흡착해 색상을 선명하게 유지해준다. 염색전용샴푸로 붉은 색 모발에 30회 샴푸했을 때 일반샴푸의 사용보다 색상의 퇴색이 훨씬 적게 나타난 연구결과도 있다.

낱말풀이

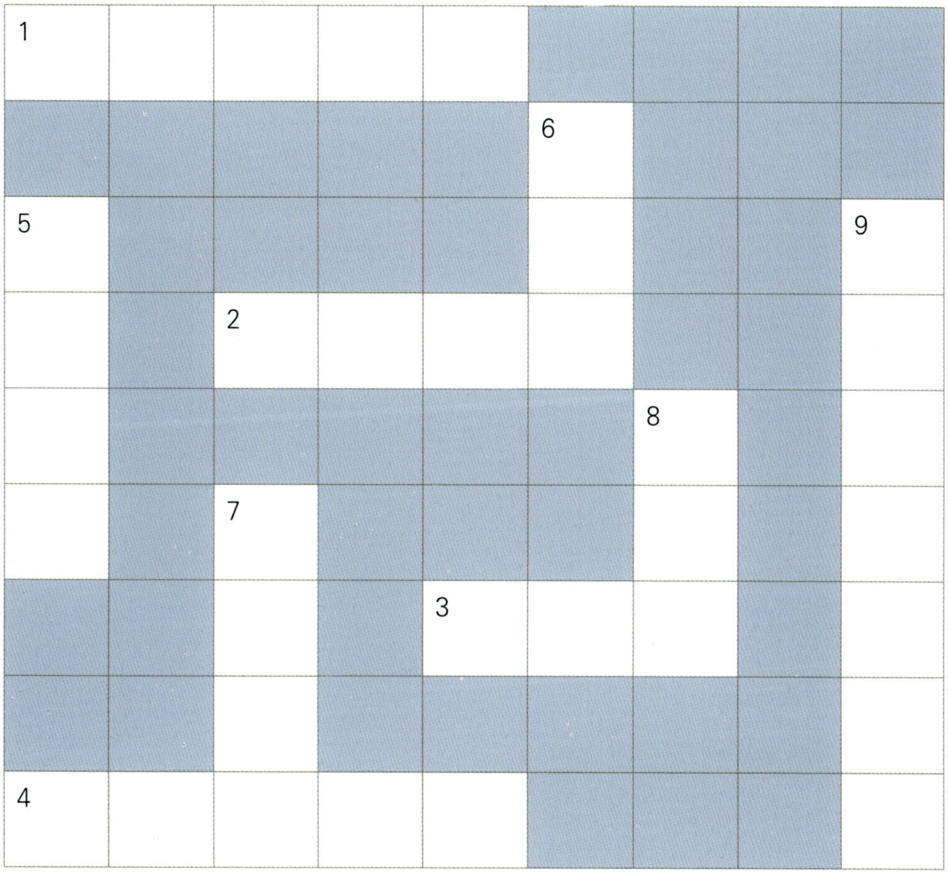

〈가로열쇠〉

1. 아로마 오일을 말하며 식물에서 추출한 오일로 두피의 혈액 순환을 촉진시켜 주고 세포의 기능을 활발하게 한다.
2. 중향을 말하며 중간정도의 속도로 향이 발산한다는 의미의 영어.
3. 살균 소독작용이 강하여 여드름 치료에 사용하며 머리에 생기는 비듬성 세균 제거에 효과적이다.
4. 하향이라고 하며 긴시간 은은하고 부드러운 향이 지속된다. 쟈스민, 시더우드, 벤조인 등이 있다.

〈세로열쇠〉

5. 지성피부나 모발을 정상으로 유지시키며 머리를 맑게 하고 정신력과 기억력을 강화시켜준다.
6. 상향이라고 하며 시트러스계나 페퍼민트, 타임 등이 포함된다. 상쾌하고 가벼운 향으로 오래 가지 않는다.
7. 두피의 지루성과 지성모발, 탈모증, 비듬제거에 효과적이다.
8. 비듬을 방지하는 효과가 있고 비듬, 무좀 등에 효과적이다. 피부 세포를 재생시켜 주고 수렴작용을 촉진 시켜 피부의 건강을 회복시켜 준다.
9. 레몬과 오렌지가 혼합된 산뜻하고 신맛이 나는 과일로 모발 성장을 촉진한다.

참고자료

· 강갑연(2003). 「모발 및 두피관리학」. 광문각.
· 고경숙, 윤복연(2014), 최신 두피·모발관리학, 청구문화사
· 고경숙·윤복연(2009). 「스캘프 헤어샴푸 & 컨디셔닝」. 훈민사.
· 고경숙·윤복연(2014). 「최신두피·모발관리학」. 청구문화사.
· 권세화(2005) 모발세정제에 따른 염색모발의 착색 유지 및 손상, 광주여자대학교 석사학위논문, pp 25-26
· 김무영(2004) 모발관리학, 광문각, p.112, 124
· 남주현, 장수만(2006), 기초 트리콜로지스트 Ⅰ, 훈민사. p 114
· 대한미용교수 협의회(2012). 「NEW TRICHOLOGY Scalp & Hair Care」. 청구문화사.
· 두피·모발관리학(2015). 「두피·모발관리학 TRICHOLOGIST」. 메디시언.
· 민중서림편집국(2013). 「민중에센스 국어사전」. 민중서림.
· 박선영(2006) 깨끗한 피부 남자의 경쟁력, 길벗, p.76
· 서윤경·엄성례·김순경(2015). 「모발과학」. 도서출판 예림.
· 신동필(2007), 毛자람의 美學, 신동필성형외과 모발이식센터
· 유인경(2005) 아이에게 먹이고 싶은 물 먹이고 싶지 않은 물, 위즈덤피플, p.98
· 유화이(2009) 피부가 예뻐지는 화장품 이야기, 21세기북스, p.171
· 이영미(2004) 한국남성 헤어스타일 변천에 관한 연구 : 단발령 이후를 중심으로, 동덕여자대학교, 석사학위논문, pp71-72
· 이지민(1023) 지루성 두피 개선제가 두피 유.수분 변화에 미치는 영향, 건국대학교 석사학위논문, p.7
· 정병수·이귀영(2014). 「최신모발학」. 청구문화사.
· 주용영(2011) 모발 염색시 전처리제의 사용 실태와염색 지속성에 관한 연구, 한서대학교 박사학위논문
· 최에스더·김순희·유유정·이근광(2014). 「최신 모발과학」. 수문사.
· Rassman WR, Pak JP, Kim J, Estrin NF(2015) A Concealer for Hair and Scalp Deformities, J Clin Aesthet Dermatol. 8(3): 35 - 42.
· trisia1004.tistory.com
· 믿음을 주는 경제신문 2016년 4월 4일
· 여수mbc 생활의 지혜http://cafe.naver.com/cleanwrap/15379
· KRIVET 한국직업능력개발원 NCS학습모듈

활용서식

평가자 체크리스트

평가 영역	평가 항목	매우미흡	미흡	보통	우수	매우우수
두피·모발 관리 준비하기	1. 나는 두피·모발 상태 진단에 필요한 기기와 도구를 준비할 수 있다.	①	②	③	④	⑤
	2. 나는 문진, 시진, 촉진, 검진을 통해 고객의 두피·모발 상태를 분석할 수 있다.	①	②	③	④	⑤
	3. 나는 두피 유형에 따라 관리 방법을 선택할 수 있다.	①	②	③	④	⑤
	4. 나는 모발 상태에 따라 관리 방법을 선택할 수 있다.	①	②	③	④	⑤
	5. 나는 다음번 방문 시 시술에 반영할 수 있도록 두피·모발 분석 카드를 작성할 수 있다.	①	②	③	④	⑤
두피 관리하기	1. 나는 두피 유형에 따른 샴푸제를 선정하여 시술할 수 있다.	①	②	③	④	⑤
	2. 나는 두피 유형에 따라 스케일링 제품을 선정하여 시술할 수 있다.	①	②	③	④	⑤
	3. 나는 두피 스케일링 효과를 높이고 두피의 혈액 순환을 돕기 위해 두피 매뉴얼 테크닉을 할 수 있다.	①	②	③	④	⑤
	4. 나는 영양 공급과 유·수분 균형 조절을 위해 팩과 앰플을 사용할 수 있다.	①	②	③	④	⑤
	5. 나는 두피 관리에 필요한 기기와 기구를 선택하여 사용할 수 있다.	①	②	③	④	⑤
모발 관리하기	1. 나는 모발 상태와 관리 방법에 따라 샴푸제를 선정하여 시술할 수 있다.	①	②	③	④	⑤
	2. 나는 모발 상태와 관리 방법에 따라 관리 제품을 도포한 후 핸들링할 수 있다.	①	②	③	④	⑤
	3. 나는 영양 공급과 유·수분 균형 조절을 위해 팩과 앰플을 사용할 수 있다.	①	②	③	④	⑤
	4. 나는 모발 관리에 필요한 기기와 기구를 선택하여 사용할 수 있다.	①	②	③	④	⑤

두피·모발 관리 마무리하기	1. 나는 두피·모발 진단기를 사용하여 시술 전후의 변화를 비교하여 고객에게 설명할 수 있다.	①	②	③	④	⑤
	2. 나는 두피·모발 상태에 따라 관리에 적합한 제품을 사용하여 마무리할 수 있다.	①	②	③	④	⑤
	3. 나는 관리 종료 후 헤어스타일을 연출하여 마무리할 수 있다.	①	②	③	④	⑤
	4. 나는 건강한 두피·모발 상태 유지를 위한 관리법을 고객에게 설명할 수 있다.	①	②	③	④	⑤

☞ 자신의 점수를 문항 수로 나눈 값이 3점 이하에 해당하는 영역은 업무를 성공적으로 수행하는데 요구되는 능력이 부족한 것으로 교육 훈련이나 개인 학습을 통한 개발이 필요함.

단원종합문제답안지

1-1. 모발의 구조

해답 : 1-①, 2-④, 3-④

1-2. 두피모발유형분석

해답 : 1-④, 2-④, 3-①, 4-③, 5-②

2-1. 두피유형별 샴푸

해답 : 1-①, 2-④, 3-④, 4-③, 5-④

2-2. 두피스케일링

해답 : 1-③, 2-①, 3-③, 4-②

3-1. 모발 상태별 샴푸

해답 : 1-④, 2-①, 3-③, 4-②, 5-①

3-2. 모발 영양 공급

해답 : 1-④, 2-②, 3-④

4-1. 두피 모발 관리 마무리 하기

해답 : 1-①, 2-②, 3-③

4-2. 홈케어 설명 및 제품 추천

해답 : 1-③, 2-③, 3-②

낱말풀이 답안지

1-2. 두피모발유형분석

	시				모	간
문	진		휴		근	
			지			
	성	장	기			퇴
				촉		화
		두	피	진	단	기
		피				

1-2. 두피모발유형분석

모	모	세	포			입		
세					외	모	근	초
혈		자				근		
관		율						
		신			퇴			부
		경			행			교
			휴	지	기			감
		한						신
대	한	선			교	감	신	경

2-1. 두피 유형별 샴푸

스	트	레	스			청	백	색
케								
일		환	경	적	요	인		
링								소
	각	화	주	기		겔		화
								기
		트	리	트	먼	트		관
								이
	호	르	몬	분	비	의	이	상

2-2. 두피스케일링

샴	푸		침					
			투			핫	오	일
헤								
어					컨	디	셔	닝
브				건				
러			양	성		습	윤	
싱			이					
	음	이	온	계	면	활	성	제

3-1. 모발상태별 샴푸

유	연	법		수	곡	정	미	
						수		풍
		경	락					지
		혈			견	우		혈
				화			원	
아	문			생	명	활	동	
		고					력	
		타			정			위
진	동	법		동	맥		영	기

3-2. 모발영양공급

탄		배				흡	수	
수		설		망	간		용	
화							성	
물							비	
							타	
		아			비	타	민	E
		연						
지	방			나	트	륨		인

4-1. 두피모발관리 마무리하기

	피		앰	플		뷰		선
먼	지					티		레
						콤		이
로	션	타	입					기
						두		
						피		
헤	어	스	티	머		세		적
						정		외
두	피	모	발	진	단	기		선

4-2 홈케어 설명 및 제품 추천

에	센	셜	오	일				
					탑			
페					노			그
퍼		미	들	노	트			레
민						페		이
트		시				출		프
		더		티	트	리		후
		우						르
베	이	스	노	트				트

찾아보기

찾아보기

INDEX

집필진 (가나다 순)

고경숙(원광대학교)	곽형심(동원대학교)	김광희(정화미용예술대학교)
김옥연(정화미용예술대학교)	김태영(동의과학대학교)	노영희(건양대학교)
서원숙(명지전문대학교)	소영진(을지대학교)	손지연(한국영상대학교)
왕혜자(연암대학교)	유현주(원광보건대학교)	이영미(충청대학교)
최에스더(신한대학교)		

검토위원 (가나다 순)

권미윤(경인여자대학교)	김순희(동남보건대학교)	나윤영(호남대학교)
배선향(진주보건대학교)	봉재환(진주보건대학교)	안경민(삼육보건대학교)
안현경(동남보건대학교)	이부형(창원문성대학교)	이재숙(광주여자대학교)
이효숙(전주비전대학교)	장미라(목포과학대학교)	전선정(강릉영동대학교)
전현진(호남대학교)	정지선(수원여자대학교)	정현숙(대전과학기술대학교)
정희영(계명문화대학교)	조성태(광주보건대학교)	조소은(한국영상대학교)

NCS기반 최신 두피 · 모발관리

2017년 3월 05일 인쇄
2017년 3월 10일 발행

지은이 : 대한미용교수협의회
펴낸이 : 이상태
펴낸곳 : 청구문화사
(03706) 서울특별시 서대문구 성산로11길 15
전　화 : 02-332-0541(代)　팩　스 : 02-337-9577
등　록 : 1990년 11월 2일　제9-247호

가격 30,000원

ISBN 978-89-5616-738-1 93590